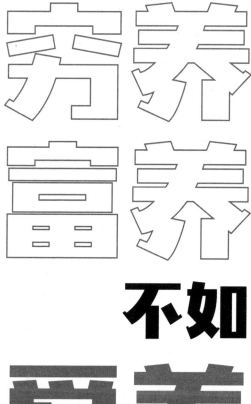

穷养富养不如爱养

给父母的**儿童财商教育**启蒙课

李锦 _ 著

中信出版集团｜北京

图书在版编目（CIP）数据

穷养富养，不如爱养：给父母的儿童财商教育启蒙
课 / 李锦著. -- 北京：中信出版社, 2020.7
ISBN 978-7-5217-1880-5

Ⅰ. ①穷… Ⅱ. ①李… Ⅲ. ①财务管理－儿童教育－
家庭教育 Ⅳ. ① TS976.15 ② G782

中国版本图书馆 CIP 数据核字 (2020) 第 081637 号

穷养富养，不如爱养——给父母的儿童财商教育启蒙课

著　　者：李锦
出版发行：中信出版集团股份有限公司
　　　　　（北京市朝阳区惠新东街甲 4 号富盛大厦 2 座　邮编　100029）
承 印 者：北京诚信伟业印刷有限公司

开　　本：880 mm×1230mm　1/32　　印　张：6.875　　字　数：140 千字
版　　次：2020 年 7 月第 1 版　　　　印　次：2020 年 7 月第 1 次印刷
广告经营许可证：京朝工商广字第 8087 号
书　　号：ISBN 978-7-5217-1880-5
定　　价：49.00 元

谨将此书送给

我的太太

及

两个儿子

基本生活技能的传承

人类得以在地球上繁衍，其中一个必要条件是基本生活技能的代代相传。不独人类如此，许多动物也如此。作为万物之灵的人类，除了由父母向幼儿传授一些基本生活技能外，还建立了较规范的教育制度。这其实也是人类得以成为地球主人的一个关键。

人类社会如今进入了信息时代，基本生活技能的内涵也与时俱进地有了较大的调整。以前，基本生活技能主要是关于衣、食、住、行的。现代社会分工越来越细，竞争越来越激烈，生活压力也越来越大。我们父母辈那个年代，有一技（或有一个特长）在身就可以平稳地过日子。可时代不同了，以中国香港为例，一个成功的专业人士，退休后也不一定有足够的退休金可以供基本生活之用。有些以相关研究名重学林的大学校长，退休后也无法在香港置业，只好移居海外。对工薪阶层来讲，情况可能就更困难了。换句话说，时至今日，理财已逐渐成了我们赖以生存的基本生活技能之一。

问题是，我们周边有不少人长年累月地忙着为自己的生活和事业打拼，不一定有时间、精力和相关知识技能做好自己的理财工作。因此，李锦先生提倡理财应从小学起，是完全正确的。这样一来，我们从小就有了理财的概念，懂得量入为出，懂得善用自己的钱财，懂得长远规划，并把理财当作我们现代人基本生活技能之一，这就可以避免日后出现上述困境。

　　我衷心感谢宅心仁厚的理财专家李锦先生"兼善天下"的心愿。他身体力行，耐心地陪伴自己的两位爱儿健康成长。这是一本亲子理财的好书，既是他多年来亲子教育的心得，也可以成为学校通识教育及家庭教育的重要参考。

李焯芬

中国工程院院士，清华大学教授，

香港大学前副校长

为何我要推动亲子理财教育

简单来说，亲子理财的观念要从小树立，由父母开始教。

难但值得坚持

记得在一次亲子理财的交流会上，家长说："李锦，为何你想做亲子理财？理财概念很难，成年人都不好教，怎样教孩子呢？""如今大气候不讲理财，只讲短线投机，追求短线回报！""现在的成功等同名利，而名利追求更加讲求快捷，最好出来工作数年后便达到理想，谁会对亲子理财感兴趣？"

我同意也明白，帮助儿童建立金钱观及正确的价值观，不是一朝一夕能做到的，亲子理财教育，需要长时间的努力，但这项教育非常重要，是值得坚持的！我不会想太多，但会逐步推进。过去两年，我在工作之余做了接近20个亲子理财相关的讲座，努力将这一概念推广出去。

家长做榜样，理财其实不难

家长多心存疑惑："自己对理财似懂非懂，哪有能力及信心教孩子？"理财其实不难，也不像想象中那么复杂。比如，如何投资盈富基金和有没有一只股票的价格在一两个星期升五成的问题，就是用来教孩子理财的好例子。最重要的是，夫妻二人要有共识，以身作则，做好孩子的榜样。

若夫妻多在孩子面前表现出感谢周围的人和事，对现状满意，例如说"近来生意不好，工作也很辛苦，不过身体还好，一家人健康快乐，无所谓啦！"，孩子会感受到积极态度：知足和感恩，平衡生活和工作，减少贪念，能抵抗逆境带来的打击。

将理财纳入小学课程

我明白孩子建立正确的价值观及理财观念很困难，这条路漫长，但是家长及学校越早教越好。

没有正确的理财观念，会影响人的一生。不少人因为理财不善，或理债不好，而生活潦倒，失去希望和尊严，十分悲惨。

在学校，特别是从小学开始加入理财课程是必需的，不能推迟。我希望香港早日将儿童理财纳入课程体系，由小学三年级开始，用轻松的形式慢慢渗透。理财教育很重要，正如早点开展性教育很重要一样。

我希望能尽绵薄之力，继续通过学校、家长会，与家长和学生分享亲子理财观念，感恩。

再说一次，亲子理财要从小开始学，由父母开始教。

给孩子和自己一些空间

作为父母，绝大部分都像冰心《母爱》中所写的。

> 孩子："你为什么爱我？"
>
> 母亲："不为什么，只因你是我的女儿。"

我们无条件爱子女的同时，也要注意，是否给了孩子过多的物质供应、过多的学习任务、过度的保护？过了火的爱令孩子感到压力，父母也会觉得"如何做都不够"，最终可能事与愿违，达不到"双赢"。

给孩子和自己一些空间，对双方都是利大于弊。

目录

01

亲子理财从父母开始 ·························001

02

理财教育 4 个阶段 ·····················039

03

父母的角色 ·········· 107

04

感恩的心 ················· 147

05

生活的感悟 ·································177

01

亲子理财从父母开始

等待的美丽

我常常接触投资者，他们见面最喜欢问的是："有什么好股票？有什么消息？"我回答之后，他们又会问："那要等多久才有回报？"我说："一年可能会有 10% 的回报。"许多人的反应是："我不想等那么久，可不可以介绍一些一个星期股价有三成升幅的股票？"

成年人难改，所以从孩子教起

谁不喜欢买一只明天就可以赚几倍的股票呢？但是股价升得越快，也会跌得越惨，想升得快升得多，最后就变成赌博的心态。

许多人买了一样东西，就想立即有回报。其实投资一家上市公司，是认同这家公司的管理、业务，认为它有前景，但是没有理由只给它 3 个月甚至 3 天的时间，毕竟短时间内业绩做不出来。

成年人难改这种心态，所以要趁早教孩子等待投资回报！

时间就是金钱，我们需要通过时间累积自己的财富。我也是这么教我的两个儿子的。

教孩子等一个回报

首先，父母要教他们区别"投机"和"投资"的不同。投资是要时间的，回报不是一天就能达成的，而是要等一段时间。即使某次投资在很短时间内获得可观回报，也主要是运气，并非每次都会这么幸运。我们不要期待每次的回报都很快很大，小如一粒米的长成，也要数个月的时间。

学会等待，孩子长大后便不会每次都希望通过有快速回报的投资产品赚钱，不会养成今日买入、明天卖出的短线投资习惯，因为那是不可取的投机心态。成人习惯于"快出快入"，一时间很难改变，但是孩子对投资是一片空白，我们只要系统地去教导，让他们习惯等待，分清投资与投机，从而认识到要将资产分散，长大后便不会随意买卖。

教孩子等待回报，
他就不会只想着投机。

分散投资　等待回报

　　我的两个儿子都知道要分散投资，例如他们用零用钱买黄金，会用 1/3 的钱去购买，而不是把全部钱投在黄金上。

　　买入时，我也对儿子说，不知会持有多长时间，要视当时环境而定，并告诉他们购买黄金是长线投资。而卖掉后，我会和他们说："卖出黄金就结束了，我们可以去看其他机会。"他们现在会留意恒生指数，购买盈富基金等。

亲子时间

等待的孩子是有福的

我曾和家人去法国及英国旅游，准确一点说，是集中在巴黎、尼斯及伦敦游玩。此行目的，主要是完成孩子两三年前的心愿。由于我在法资银行工作，每年会去总部述职或交流业务经验，所以两个儿子对法国有好奇心，提出想去巴黎见识一下。

不要立即满足孩子的要求

我认为孩子的要求，父母不要每次都立即答应，当然如果他们因为肚子饿、口渴想吃东西、喝水，就不要等待。但是一些要求，例如要买昂贵的玩具、衣服、电子产品或想外出旅游等可以"等一等"的要求，可能只是孩子一时的想法，也可能是受外界刺激的结果，甚至只是"顺口说"，真正的需求不大，即使不立即满足他们，孩子也不会失去什么，顶多会短暂吵闹。

肯等的孩子是有福的

我们不要对孩子的每次要求都立即满足，而是要让他们等待，好处是让他们习惯等待。在等待期间，孩子可以想一想，这次的要求是不是真正的需要，是不是一时的冲动，而不能认为，只要一提出，就像擦一下神灯般，愿望就实现了。

即使父母在经济上及能力上，可以满足孩子的要求（能令孩子开心，的确是作为父母开心及满足的事），有一点也要顾及：将来孩子要靠自己，他们有能力可以满足自己的每一个愿望吗？即使有能力，资源有限，愿望也只能一步一步实现。

不早点告诉孩子资源有限，做出取舍，将来他们受的伤害可能更大。父母告诉孩子等待的重要性，不用每天跟孩子说教，而是在实际生活中，将他们提出的要求、愿望分缓急先后，解释给他们听（一岁孩子也会听得懂的）。

> 每样事情都需要耐心等待，享乐如此，投资如此，生活如此。

向一粒米学等待

　　告诉孩子，投资就如一粒米的生长过程，由播种到收获，需要几个月的时间。同样的道理，我们不要期待每次投资都会有很快的回报。

　　家长可以和孩子一起上网，了解农民种庄稼的整个过程。

亲子时间

两个儿子投资态度大不同

时间就是金钱。随着时间的累积，我们对储蓄或投资的认识会有所不同。当然现在香港的金融市场被严重扭曲，存款利息接近于零，储蓄时间越久，贬值越严重。

2009 年 5 月，我与太太及儿子商量，不如用各自的部分储蓄买入黄金，因为我预见金融市场不稳定（当时只是瞎猜，不要见笑），作为分散投资也好，避险也好，这不失为一种选择。更重要的是，我希望借此机会，向儿子传达投资最基本的观念——要有耐心。

当时金价每盎司约为 900 美元，我对儿子说："我们现在买入黄金，长线持有，不用理会短期的涨跌，直至影响黄金走势的因素出现，再做打算。"

大儿子主动出击

之后两年，大儿子从报纸或电视财经新闻报道中明白了当初为何做此投资决定。他会留意黄金的价格，也会与我简单讨论金价的走势。我说："继续持有，难道忘记了我们买入黄金的原意吗？"于是大儿子也耐心地等待。

直至 2011 年年中，金价每盎司达 1 800 美元以上，大儿子计算后，认为是时候要放出他那部分黄金。他认为有一倍的回报，已很满足。我照他的主意卖出，但没有问原因。

大儿子明白一些基本投资概念，如什么是高，什么是低，也明白卖掉后，就不要再想升跌的问题。

小儿子耐心等候

哥哥做的事，小儿子有时会跟，有时会刻意不跟。

大儿子卖掉黄金后，我问小儿子，你要放出吗？小儿子说："我认为还会升，暂时不放了。"他继续耐心等待。

我用投资黄金作为例子，是因为看准了金价，或者赚了钱而借机炫耀吗？并不是。我只想强调，当我们做了一个投资决定，便应该坚持，不要因升（利润引诱）或跌（亏钱恐惧）而打乱部署，这种做法是针对长线投资的。

如何做？首先要做功课。做功课的结果是很重要的，因为影响回报，但更重要的是我们有所准备，不论到时市场情况有什么变化，即使"跳车"，起码也系好了安全带，避免因波动而错误离场。

不要"有求必应"

做功课重要，但锻炼耐心更重要！其中一点是要从日常生活中着手，对孩子不要"有求必应"。

例如，我们最近与孩子去买篮球鞋，他同时看中两双，一双满足功能要求，而另一双是他喜爱的蓝色。当时他很纠结，明白我们一向不赞成买过多的东西，但又担心迟些日子（约好 3 个月）买，那款鞋子会售罄。

说真的，当时我在心里想："不如这次破例，让他买两双吧。"但最后，我还是令他失望了。

父母先要有耐心坚持

父母做的每一个决定，未必会令孩子及自己开心，甚至担心孩子会抱怨，但应坚持的时候或场合，就要坚持，孩子慢慢也会学着等待，做出正确的选择，他们会知道父母这样做是为他们好，长大后也不会仓促买东西，养成不良习惯。

父母一定要有信心，即使有些决定最后被证实是错的。例如前面说的投资黄金，倘若金价下跌，我会承认判断失误，但我认为即使有金钱上的损失，孩子起码也上了"培养耐心，学习等待"的一课，明白付出不是没有回报的。

耐心是要培养的，如果父母没有足够的耐心，试问又如何教孩子有耐心呢？！简单来说，我们投资前，先要明白为何做出投资决定，再加以耐心，那么出现好结果的可能性一定大很多。

理财、人生都要踏实

家长要告诉孩子钱的 3 个用途：储蓄、消费、捐助。赚钱很重要，父母要告诉孩子钱是有用的，赚钱不是罪恶，但赚钱一定要合法。我曾接触过一些聪明过头的人，他们想得太多，行差踏错，导致严重后果。

并不是投资"聪明"就代表一个人"聪明"，投资市场"专治"聪明人！有些人自以为很聪明，有朝一日"撞板"，损失会更惨重。

有余就去帮人

关于金钱，还要让孩子知道，为什么越有钱的人越贪。因为他们把钱都放在自己身上，对物质生活不满足。这要早点告诉孩子，有家长就问过我，面对天灾人祸，孩子为什么不想捐钱帮助别人。

我不觉得有不妥的地方，孩子只是不习惯去做这件事。所以要从小教育孩子，当有足够的金钱去支付生活开支之后，就要去帮助别人。

教孩子不要只向钱看

教导孩子，要注意全面的教育，让他们不要只向钱看，要形成重亲情、重朋友、重家庭的观念；多尽孝道，让他们牢记，"如果自己做一些不合法、不应该做的事，会令父母失望"，这样孩子就不容易行差踏错。

父母要先做榜样，对长辈尊敬、孝顺，对亲戚朋友友善。我的两个儿子每逢节日、长辈生日，都要跪地奉茶，因为只用嘴说，是没用的。父母到孩子16岁才说"你这个孩子都不孝顺！"，这就为时已晚。父母从小都没有教过他孝顺，叫他如何孝顺？

所以，我想写有关亲子理财与人生的文章，而不论亲子关系还是理财，都应从家庭做起，要先把"内心（软件）"变踏实，整天想着赚快钱，亏了钱就觉得自己没用，是不对的。

赚钱一定要合法

赚钱，不论是通过投资、打工，还是通过自己创业，一定要合法。靠骗赚钱，是违法犯罪。即使你短时间赚了很多钱，但不能长久维持，最终是不划算的。我们应将经验与孩子分享，在投资赚钱过程中，总会有恐惧、贪婪或怀疑的时候，但我们要克服，把持住自己，否则容易行差踏错，触犯法律，抱憾终生。

有人说，说易行难。对，我们不能靠"口号"就想获得成果。父母应以身作则，即使好炒、好赌，也不应在孩子面前做，以免成坏榜样。我们应教孩子坚定信心，坚守岗位，将来遇到的机会，总比拿不定主意的人多很多。

信心不应放在输赢上

　　家长要着重锻炼孩子的耐心，引导他们热爱生活，多接触不同的事和人，例如去博物馆，了解不同宗教、种族、阶层，看看社会是如何运转的，家长不要禁锢在自己的"炒股"世界中。学炒股没有问题，但是如果孩子把信心放在输赢上—— 输了就失去信心，赢了就对自己有信心，这样是不对的，会令孩子变得不踏实及短视，害了孩子。

> 我们应让孩子明白，对自己、别人、社会都要负责任。

亲子间的"第一桶金"

学习赚钱，越早越好。而说到赚钱，首先要有本钱，当我们没有本钱的时候，只能靠自己的双手。下面的一些方法，可以让孩子得到"第一桶金"。

1. 卖财神相。
2. 卖废纸。
3. 送报纸、发广告单。
4. 做小贩。
5. 合股做路边摊。
6. 在快餐连锁店做兼职（要年龄大一点才行）

做小贩要有牌照，而有些"工种"未必适合现在的环境，家长可以多跟孩子讨论，并指出赚钱的方法，让他们从小了解以下观念。

1. 钱不是随手可得的。

2. 辛苦才能赚到钱。

3. 钱是要一分一分赚的，虽然辛苦，但孩子起码不会觉得"赚钱好难"，找不到赚钱的方法。

4. 要有积累财富的概念。

我的两个儿子已有一些经验，例如在天光墟做小贩摆地摊，也有五六年了。他们没有做兼职，但会去养老院做义工，例如连续两三个小时折信封，也算是工作。

我说出这些不是炫耀，而是想提醒大家：若有心让孩子接触"赚钱"这件事，父母要有计划，并要坐言起行，做出榜样。

在让孩子尝试"赚钱"的同时，父母也要考虑所做的事是否安全（例如人流、道路、环境）、是否合法（千万不要做无照小贩），不能为了赚快钱，去做不合法的事！

学习赚钱，越早越好，但一定要合法。

一公斤纸的价值

　　我的两个儿子会定期在家储存报纸，每隔一段时间，我会带他们去把报纸卖掉，每次能卖得五六元。①

　　大家知道一公斤纸能卖多少钱吗？答案是一元至一元两毫。

　　他们初步接触了"赚钱"的实际行为。

亲子时间

---

① 本书中提及的货币，除特别说明，一般为港元。

拥有富人的正面心态

为何要尽早让孩子接触并了解赚钱的重要性呢？

我认为这会令他们有信心和胆量去尝试，拥有富人的心态而不是穷人的思维，并且不会认为赚钱很难。

我们千万不要经常在孩子面前说："哎呀，现在赚钱真的很难！"

不能抱怨，要有胆量去尝试

20年前，我曾想过做保险经纪。很多人都劝我，说没有多少人明白保险产品，很难做好。过了10年，还有很多人说，现在"没法做"了，因为很多人都已买保险，保险经纪遍地都是。这些人只会抱怨，却没有胆量去尝试。

偶尔感叹"赚钱很难"无妨，但经常说，特别是在孩子面前说，日积月累，耳濡目染，孩子的脑中便有"赚钱很难"的想法，长大后自然有穷人的思维——赚钱很难。倘若思想再偏激一些，认为有钱人都是贪婪的，金钱是罪恶的等，未念完书，已经认定自己不会成为有钱人，那就很可惜了。

不要局限孩子

我不是鼓吹一定要让孩子发达或赚大钱，问题是我们不经意地灌输"非正面"的观念（我们平日的谈话内容及行为表现）给孩子，会局限他们的思想，限制他们的行为。

这不经意的错误，对孩子造成的影响，可能是很深远的！即使有些人工作不太如意，夫妻感情不稳定，或受其他问题困扰，也可以在适当情况下，与孩子分享感受，但切记不要让自己负面的情绪影响孩子。

不论富与贫，都要教导孩子辛勤工作，创造机会，增强创造力，不要让环境局限自己。只要努力、坚持、抱以富人的心态，成功的可能性还是很大的。

我们内心的信念会激励自己，缺乏自信会令孩子没有主见，人云亦云，缺乏期盼，"无望"会掩盖内心的热诚与憧憬，令人不愿做更多探索，没有冒险精神。我相信，没有父母乐于见到孩子这样。

> 不论富与贫，都要让孩子知道，不能让环境局限自己。

你要孩子做巴菲特吗

周末，我们与哥哥一家去大澳，在一家凉果店休息，老板娘问我，有什么投资产品可以介绍，我开心地提出投资方案，因为她一开始便说："我不是问号码，我只是想问你，有什么可以买入做长线投资。"我与她聊了一会儿，她又邀请我们到她家做客，在她家的天台可以看到整个大澳的景色。刚巧我的大儿子（他已经 14 岁了）在旁边，他笑说，很少见我用这么长时间与人交谈，是否因为她问我怎样投资，而不是要号码信息呢？

我回应："是，因为叫人买号码，估不中当然不好，累人还亏钱；估中也不一定好，因为会使人习惯于问号码，后果可能比估不中更惨，'赢粒糖，输家厂'往往因此而起。"

为何带出这个话题？我有两个儿子，很多时候被人问是否已教会他们如何投资，他们的投资知识是否很多。我教儿子或其他人投资，都是一样的。正确的理财理念，首先是分清投资与投机的区别，其次是适当分散投资，这就是全部。

炒股不能兴家

我向来不想在孩子十岁八岁时，便送他们去上投资课程。倘若课程是从基本理财概念教起，例如金钱的价值、意义和用途，这样还可以；至于一些技术培训，如炒股技巧，甚至是技术分析、市盈率解说等，是否应提前接触？这就见仁见智了。

若观念不当，反倒误导了孩子。

我看过一些例子，如孩子偶然估中了一些股票，股价上升，于是父母便兴高采烈，说："真是有出息，大了一定可以在股票市场赚很多钱。"这种心态，真的很令人担心！因为孩子若不清楚投资只是财富增值的一个方法，并非主要的收入来源，那么日后他便可能不务正业（即使有专业资格），认为炒股、炒外汇、买九九金、买期货，足够他生活，甚至养活家人，这很可能害了他。因为现实当中，只有不到 0.1% 的人有这种能力。一个在证券公司工作的同行，不知是业绩差还是想赚快钱，开始以炒股维生。他打算每日赚两三千便收手，一个月算下来也有四五万。但过了一段时间，他不但未达到预期，还亏了很多钱。他本有一个幸福的家庭，妻子是专业人士，还有两个可爱的孩子，但炒股一两年后，由于亏损过大，要变卖房屋，一家人只好租房住。结果是否更坏，还是未知数，但见到他情绪低落，为他可惜，值得我们借鉴。

我并不认为自己的孩子有天分，后天培养也不能令他成为一个成功的"炒家"，所以，倒不如教他做一个安分的投资者，因为工作、生意才是主要的收入来源。

是否要教孩子炒股，见仁见智。但话说回来，让孩子学习金融知识，参观金融机构，以增长知识，绝对是一件值得做的事。

工作、生意才是主要的收入来源，做一个安分的投资者吧！

亲子旅游是最佳投资

读万卷书是很好的事情，行万里路可锦上添花，两者加起来，当然是相得益彰。我接触的家长，不论是西方人还是东方人，一家人外出旅游的原因，主要是大人想借旅游来减压，同时可以与孩子，特别是年纪小的孩子多接触，在轻松的（也不一定轻松）环境下促进亲子关系。

我也有同感。比如法国及英国之旅，我就感到两个儿子真的长大了。旅途中，小儿子会帮忙找地铁、火车的路线及出入口等。大儿子的能力更不得了，无论是找路、订票、搜寻旅游资料，样样都行。在这个过程中，作为父母，我们进一步了解了孩子的点滴变化，加深了对他们的认识。

旅游开眼界

旅游的确能为孩子带来乐趣，能让他们接触新事物，大开眼界，从而将新环境与自己熟悉的环境做比较。例如巴黎的地铁线错综复杂，有新建成的，有百年历史的（巴黎最早的一条地铁线，是在 1900 年开始运营的）。有些车站及列车非常现代化，有些列车较旧，甚至残破有异味（尿味），列车门还要人手动开关。

儿子们见到这些，便会与港铁比较——港铁车厢整洁，灯光明亮，而且准时！另外，伦敦的地铁误点，罢工事件频频发生，所以我们还是比较幸运的。港铁偶尔延误，乘客的抱怨声四起。究竟是监督有方，还是消费者过度放大自己的权益？在巴黎、伦敦，我们乘坐了 14 条地铁线中的 12 条（只计地铁线，不计区域快线），有了这次"高频乘坐地铁、火车"的经验，两个孩子起码会称赞港铁的服务质量了。

亲子旅游小贴士

有朋友一年带孩子旅游近 10 次，起初孩子还是兴致勃勃的，享受阳光与海滩，但隔了一段时间后，孩子开始觉得闷，不断抱怨："又去曼谷、海南、台北呀……"本来旅游是开心的事，但家长没有听孩子的意见，一厢情愿，以为只要带孩子乘飞机、去游玩、吃东西，孩子便会感到开心，而事实并不是！当我们给孩子太多东西的时候，他们会变得不珍惜，甚至反感。本来是一件开心的事，最后却变成父母生气、孩子委屈的结果。

让孩子参与计划

所以，当我们准备与孩子去旅游时，以下几点值得注意。

听取孩子的意见

若孩子已知道提意见，那么父母不妨在经济能力及时间允许的情况下，听取他们的意见。经过讨论和投票，排出先后顺序，按时间做旅游计划，包括旅游目的地、景点、逗留时间、交通安排等。

这样做的好处，是让孩子参与，提高他们的参与感。例如带他们去参观大英博物馆，孩子可能 3 分钟不到，就嚷着要走，或躲在一旁睡觉。这可是真实的例子——朋友的 14 岁儿子，在大英博物馆听电子导游解说，很快就听腻，换了耳机听音乐，没多久，又与表兄到一旁玩电子游戏！

所以，我一直强调，要让孩子参与制订旅游计划，同时让他们养成等待的习惯。

不应带太小的孩子出远门

如果孩子只有两三岁，就不应带他们去太远的地方，探亲除外。因为机程长、时差等问题，大人和小孩会很辛苦。加上水土不服或医疗卫生条件不好，孩子身体一有问题，父母会很担心。大人千万不要为了自己想去某个地方，而不顾孩子还小的现实。

选旅游地点要考虑孩子的年龄

一个只有四五岁的孩子，我们是不用刻意带他们去国外参观博物馆、听音乐会的。可能有家长认为，早一些带他们去见识，可以快人一步，但事实是，这么小的孩子真的能明白多少呢？他们有耐心逛两三个小时，或安静地坐一个小时吗？如果真的能这样，香港就有很多机会。

倘若孩子只有几岁，我们可以多花一些时间陪他们玩，例如租住有泳池及小孩游戏设施的酒店，或沙滩旁的度假屋，和他们玩三四天，这样的亲子时间，质量可能更高。

简单地说，父母带孩子旅游，先要考虑孩子的能力，大人的喜好应该放在次位。

> 当我们给孩子太多东西的时候，他们会变得不珍惜。

在天光墟的新体会

位于深水埗通州街公园天桥底下的天光墟，每日凌晨 3 点开市，主要售卖二手物品，东西林林总总，包罗万象。来天光墟的，多为附近居住的老人，他们希望以较低的价格，淘到实用的东西。

我和两个儿子在天光墟摆摊不下 10 次，每次都是将家中闲置的、较新的物品拿来半卖半送，既可以让两个儿子学习买卖技巧，善用物品，又能帮助到有需要的老人，何乐而不为？

在天光墟摆摊，我视之为体验式学习，每一次都有新的体会。腊月二十八清晨，我们又去了一趟天光墟，这是第一次有朋友一同前往，而儿子的两个同学虽是第一次摆摊，但非常积极，全程高声叫卖。

由于距离上次摆摊只隔了一个多月，所以这次带的物品不算多，只有三四袋，不及平时的 1/3，主要是一些与过年有关的东西，例如红包、春联，还有冬天衣物等。

即使只有一位真正需求者，我也满足

我特地挑选了两件厚外套，这两件本可以留着穿，但想趁此日子送给有需要的老人，只要真的有人需要，我便感到满足，便达成心愿了。

我特意将那两件厚外套摆在前面，其余东西由儿子及他的两个同学负责卖。不久，一位只穿白色短袖衫的老伯走过来，说想要试试厚外套。在他试的时候，我无意间碰到他的手，是冰冷的。最后，他挑选了一件较大的蓝色外套，接着问有没有帽子。我刚巧戴着一顶，连忙摘下来，送到他手上。

他穿上外套，戴上帽子说："很暖呀，真的很高兴。"他又问有没有长袖衫，但我们这次只带了短袖衫，未能帮到他，很可惜！回家途中，我想起应该脱下身上的长袖衫送给他，这类衣服我有好几件，少一件也无所谓。

去天光墟不下10次，从来没有在近10度的天气，遇到衣衫单薄的老人。我觉得自己做得还不够，应该再问问他有没有其他需要，或向他介绍其他可帮忙的机构。经一事，长一智。

衷心祝愿老人，特别是冬天无衣可穿的老人，能获得更多关心，希望社会福利机构多关注他们，政府多提供资源帮助他们。

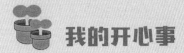 **我的开心事**

希望每日都有开心事

　　我写"我的开心事"有一年了，曾经多次被问是否有这么多开心事，是否会江郎才尽，没有东西可写。

　　起初，我也想过这个问题，但很快便习惯了。开心事"源源不断"地出现，很多时候我要立即记下来，否则回到家时，只能回想起部分。

　　开心事可以是在脑海中浮现而非真正发生的事，也可以是曾经发生的事，或将来发生的事。例如与家人一起度过的时光、即将开始的旅行，甚至是异想天开、引人发笑的事。例如在零度以下的滑雪场脱掉上衣，与朋友饮一杯烈酒等。

懂得感恩

　　开心事一般是感恩的事。当然，我们要懂得分享和珍惜，不要视一切为理所当然。我们也不能逃避，忘记不好的事，而应该怀着感恩之心去迎接和欣赏遇到的人和事。

　　我们不要等到经历了苦难或家庭变故之后，才成熟和觉悟。

写"我的开心事"的好处

写开心事是需要练习的，平日多留意身边值得赞美及欣赏的人和事，倘若起初不习惯，可以请家人或好友提醒，久而久之，我们便会留意和接受身边的好事或坏事。

两个儿子也跟着我写"开心事"。我相信通过坚持养成习惯后，他们能明白以下几点。

1. 懂得欣赏人和事。

2. 了解和接受开心及不开心的事。

3. 懂得感恩。

4. 能面对逆境。

希望他们能变得乐观和正面，能与人较好地相处，懂得欣赏别人和接受别人的批评，更能应对逆境。

祝愿各位每日都有开心事。

如何开始写"我的开心事"

你若认为写"我的开心事"有难度，很难联系到实际生活，可能内心还未做好准备。万事开头难，我们可先写"每周开心事"，每周写一次应该不难吧？如果还觉得难，你可能认为有"大事件"才值得记下来，例如升职加薪、生孩子，或中六合彩，那么一年真的只能写几件开心事了。

其实，开心事无论大小，都可以写。

它可以是见到好看的人或可爱的宝宝，可以是见到一位善良的人帮助他人，可以是自己帮助他人或被别人帮助。开心事也可以重复写，例如"父母很爱我""我的子女健康""朋友帮了我一个小忙""旅行平安回来""来得及上班"等。

教孩子写"我的开心事"并不难，没有成本，也不会影响功课，越早开始越好。

将开心事付诸行动

如果将"我的开心事"付诸行动，例如亲口说声谢谢，赠送小礼物，给亲人一个拥抱，就更好了。

我自问还未做到这样，只希望每日坚持写一篇"我的开心事"，训练自己注意开心事，懂得珍惜，对不如意的事则一笑了之。例如餐厅的汤太咸，但是其他菜味道正常，服务也不错，结账时还是要多给一点小费，这样大家都开心。

慢慢地，我们便有了正面的情绪，拥有感恩及欣赏人和事的心态。

"我的开心事"和"我的开心盒"

很多年前，我们父子三人就各自拥有"我的开心盒"，将奖状、开心时刻所拍下的相片等放进去，偶尔拿出来看，以鼓励自己，增加生活的动力。开心盒有用，但每日写一篇"我的开心事"的效果更好。

我们的生活节奏太快，每日都在重复同样的生活——上课下课，上班下班，走同一条路，买菜煮饭，很容易忽略每日发生的事情。久而久之，生活便会变得淡而无味。"好闷呀""无聊呀"，小孩子和年轻人常把这些话挂在嘴边，即使温饱不愁仍抱怨，学不会珍惜。

希望大家一起写"我的开心事"，为我们和孩子的人生添加正能量，让我们更能对抗逆境。

◆ 大儿子发烧，看了中医和西医，向学校请了 4 天假，但还未痊愈，他就坚持要回校。结果上了两堂课后，他就不舒服，不得不回来，但他嚷着要乘港铁回家。看到他的坚持，想到以前我因为生病，也担心落下课程的心情。这种坚持是有责任感的表现，我很欣赏他的态度！

◆ 我参加了在香港举办的国际武术比赛，有超过 8 000 人参加。我在太极比赛中，获得了第 4 名！其实是项目的小组赛，一共只有 4 人参加！虽然我有点失落但看到师兄、师姐和家人都取得了非常好的成绩，我的小小失落很快便被喜悦替代了。"一分耕耘，一分收获"，我明白奖项是要用汗水换来的，互勉。

这次武术比赛有个人和团体散打、武术套路和打鼓等，来自不同国家和地区的朋友，穿着不同服装比赛及表演，真的非常好看。

◆ 持续了 10 多天的潮湿阴冷，小儿子的陆运会终于在阳光明媚的日子举行了。我请了半天假去支持他，看见跑步场上学生们在努力拼搏。还有很多有趣的场面，例如百米赛跑时，有两个学生跑在同一条赛道；有学生在起跑不久，看见别人比自己快，不禁喊出"Oh, my God！"；有第 4 跑道选手在比赛途中为第 1 跑道选手助威，呼喊"加油"……运动场上都是愉快的氛围，学生们赛出了体育精神。

◆ 我看着长大的小侄女，刚毕业就已被两家英美资大银行聘请为实习生，我非常开心。我相信她的能力。问到面试有何秘诀，她总结：搜集各种资料，即使压力再大，也要从容面对，面带笑容。准备面试的人，可以借鉴。

◆ 刚毕业的两名大学生辅导员约我吃午饭，其中一位送了从台湾带回来的小手信，有我喜欢吃的凉果。凑巧，我们说起春节要去探访养老院，我便联想到，日后我住进养老院，他们应该也会来探望我！想到这里，我不但不怕进养老院，而且感到了幸福的暖意！

◆ 在深圳约见客户，他说用车送我到口岸，由于不想麻烦他，我婉拒而去坐出租车。由于交接时间，我等了 40 分钟，快要放弃的时候，突然一辆出租车停在面前，刚好赶得及回香港与朋友吃晚饭，感恩。

◆ 吃晚饭时，太太要我们父子三人吃光剩下的饭菜。大儿子提议每人吃一口，但谁愿意先吃四口，便可不用吃了。由于我们久久不动筷，太太打算把饭菜分给我们，大家纷纷将碗收起来，饭菜撒在了桌上，直到她板起脸，大家才乖乖把碗盛满，这样也过了一个愉快的晚上。

◆ 大儿子在棋艺班借回"三国杀"游戏，教我和太太基本的玩法。起初我们 3 个人玩，等弟弟完成功课后，4 个人一起玩了大半个晚上。赢家竟然是才学会的弟弟，但哥哥并不介意。我最欣赏他这种气量，这可能是近几年从棋艺班学到的"赢得下，输得起"的精神吧！

◆ 我们参加了在迪欣湖举办的 5.6 千米欢乐跑活动。开跑前，下了数场雨。幸好天公作美，8 点开跑后，雨不再下，且有阵阵凉风，跑起来分外舒畅。儿子跑得比我快。在跑步途中，听到一位小朋友说："散热啦！"但他的父亲接道："散热就是在做运动！"这是很有意思的一个活动。

◆ 我练完太极后，出去买午饭。天公作美，下了数场大雨，使气温降了下来，我也能走快一点把饭买回来，没有让众人久等，感恩。

◆ 我收到两个慈善机构的工作报告，说老人能获得"颂慈基金"

的资助，顿觉开心。

◆ 午饭时碰到一位朋友，他明显胖了很多。作为谈得来的朋友，我也不怕直说，劝他要注意身体，注意饮食。高兴的是他愿意听，我也不怕得罪他。

◆ 出去吃饭，点餐时，小儿子一般决定得较慢，我不耐烦地催促："快点啦！"他回答说："慢点啦，不用那么急。"看来，我要向他学习"慢活"了。的确，生活不用时时着急。

◆ 两个儿子喜欢唱歌，主要唱上一代歌手的作品，例如罗文、谭咏麟、许冠杰和林子祥的歌。哥哥喜欢在睡觉前教弟弟唱，有一次我偶然听到弟弟跟着节拍唱，唱得真不错。他们曾经在香港儿童合唱团唱过多年，对节拍和声调有一些认识。我听到他们唱《谁能明白我》《咏梅》时，由于太好听，真的感动到流泪！

◆ 同事离职请吃蛋糕，我吃得满手满嘴都是奶油，我笑着说因为她找到好工作，所以我吃得尽兴。我替她开心。

◆ 儿子借用了太太心爱的相机，被问是否刮花，他开玩笑地说："刮花了。"太太说："那么，我也刮花你的计算机。"我说："如果是真的，我的心就要'被刮花'了，因为我又要花钱，哈哈！"

◆ 穿了不到两年的衬衫的领子破了，拿到改衣店，老板娘细看后，说可以将领口翻过来！我很欣赏她的专业，也感谢她帮助我省钱，使物尽其用。

◆ 和一位朋友偶遇，她送了自己熬的消暑凉茶给我，有700毫升，她说一共带了7杯给同事。物重情义更重，感谢黎姑娘。

◆ 一日不知什么原因，我在电梯内引吭高歌，忘记电梯门即将打开，结果被同事看到，想我大概是疯了，哈哈！

◆ 我们去看"复刻披头士"演出，他们唱了披头士的经典名曲《明天》(*Yesterday*)、《呼叫转移》(*Twist and Shout*)、《你需要的只是爱》(*All You Need Is Love*) 和《别让我失望》(*Don't Let Me Down*)，歌词大部分积极向上，整场演出气氛热烈，令人兴奋。

◆ 看着小儿子游泳，不论是姿势还是速度，都进步了很多。他个子长高了，感觉像一只正在成长的小雄狮。

◆ 一日上班，在路口等待过马路，红灯只差一秒就转绿灯时，我正打算往前走，听到背后一位男士对孩子说："还没转绿灯，不能过呀！"我马上把脚缩回来——不要成为孩子的坏榜样，哈哈！

◆ 陪小儿子参加钢琴考试，第一次看到他紧张地翻阅琴谱。他自己说："好紧张，比参加太极比赛还紧张！"我很开心他能认真对待考试。

◆ 近日计划一家人回墨尔本探望亲人，若成行，应是近两三年兄弟姐妹到齐的一次家庭聚会，顿觉期待和兴奋，机票贵一点也值得，要把握家人团聚的机会呀！

◆ 在墨尔本休假，和哥哥、姐姐及侄子、侄女聚会，庆祝母亲生日，见老朋友，和曾在大学帮过我的退休职员鲍伯（Bob）及他的家人聚餐，好好珍惜当下。

◆ 在澳大利亚吃到新鲜的蔬果，例如橙子、杧果、桃子及荷兰豆等，能品尝到清甜的味道，感恩。

◆ 从中环坐天星小轮过尖沙咀。维多利亚港是被《国家地理旅行者》（*National Geographic Traveler*）杂志选为人生必到的50景点之一。我很高兴有一个浓缩版的胜景游。

◆ 上班时，在电梯里碰到邻居抱着一岁的女儿，小女孩非常活泼机灵，向每一个人招手打招呼，带给我们一天美好的开始。

02

理财教育 4 个阶段

———

我接触过许多家长，他们喜欢问的问题不少，以下是其中一些。

1. 什么时候该给孩子零用钱？该给多少？

2. 如何帮助孩子建立正确的金钱观？

3. 孩子会不会觉得金钱概念很复杂？

4. 应该在哪个阶段开始教金钱概念？

5. 为何我的孩子不喜欢做善事？

6. 如果我的儿子要买 700 美元的鞋，连饭也不吃，我应该如何阻止他？

7. 孩子太小气或者太大方，怎么办？

8. 如何防止孩子沉迷于网络？

正确的理财观念要从小培养，没有捷径。

不论是理财，还是教育，应从父母自身开始，从家庭开始，越早越好。以笔记本电脑为例，第一，不论孩子多大，要把笔记本电脑放在客厅。这样，父母不用担心孩子关上房间门后沉迷于网络。最可笑的是，现在有些父母，叫孩子吃饭都通过微信、微博。第二，应该和孩子制定使用电脑的规则。即使这样不能百分之百地防止孩子不当使用电脑，起码会形成规矩。

父母教孩子建立金钱观，要分阶段进行。针对不同年龄段的孩子，教法有所不同。我将亲子理财分为 4 个阶段：幼儿阶段（5 岁以下）、小学阶段（6~12 岁）、初中阶段（12~15 岁）及高中与大学阶段（15 岁至大学毕业）。家长可针对孩子的不同成长阶段，教他们实用又容易明白的金钱观念。

父母不要奢望孩子一下就会对金钱有全面的认识，例如懂得将收入分作 3 部分，懂得消费与储蓄的关系，懂得未雨绸缪，懂得该用则用，懂得等待，重要的是不能忽略理财教育，否则孩子长大后，难免会出现这样那样的问题，比如我经常被问："孩子为何不愿意捐钱？为何在街上见到义卖活动都熟视无睹？"

　　培养正确的理财观念，需要较长的时间，父母应以身作则，越早开始越好。其实生活中的很多场景，发生的很多事情，都可以作为理财教育的切入点。家长可以细心观察，从生活点滴入手，不用长篇大论，也能将理财观念教给孩子。

第一阶段
幼儿学理财

储蓄初体验

面对 5 岁以下的孩子，父母千万不要讲深奥的理财道理，如银行储蓄利息有多少，如何计算，以及复杂的加减问题，否则孩子只会越来越糊涂，对金钱有关的知识失去兴趣。

蚂蚁过冬与银行储蓄

我建议家长结合故事情节，将简单的金钱概念慢慢告诉孩子。例如以故事类比，将银行储蓄与蚂蚁储存过冬食物联系在一起，增加孩子的兴趣，使他们更易明白"积谷防饥"的道理。

5 岁以下的孩子，多数不会自己买东西，所有日常生活用品都是由父母安排好的。他们最先接触到的金钱，应是在农历新年收到的压岁钱。父母可以为孩子开一个儿童账户，将他们每年收到的压岁钱都存在这个账户内。

开账户时，父母可以利用蚂蚁过冬的故事，告诉孩子开账户和存钱的目的。父母如果想和孩子互动，可以进行角色扮演：家长扮演银行柜员，孩子扮演客户，让孩子知道如何在银行存钱和取钱。

储蓄的意义从压岁钱开始

父母可以告诉孩子，开银行账户的目的，是把平时用不到的钱存起来，这些钱是属于他们的，以备不时之需，如果想知道自己存了多少钱，可以去银行通过银行卡查一查，有需要时可以取出。

父母带孩子到银行开账户，是让他们知道银行的用途之一是存钱，但最好不要在此阶段告诉他们有关利息的事，只要他们知道银行是存钱的地方即可。

压岁钱不是日日都有的。为了让孩子对金钱有初步认识，父母可以在孩子 2~3 岁时和他们一起存钱，哪怕是一天一元钱或一天五角钱，重要的是坚持和他们一同将钱放入存钱罐。孩子会知道，每天放钱进去，存钱罐是会越来越重的。

放进存钱罐的钱，不要让孩子随便拿出来用，要告诉孩子有需要时才用，否则便失去了储蓄的意义。这与将压岁钱存入银行的道理一样。

如果想细分，可以用 3 个存钱罐：一个用来存钱，一个用来放随时可用的零用钱，最后一个用来放捐赠或买礼物的钱。

从讲故事到讲理财观念

故事一：蚂蚁储存食物，我们存钱

爸爸："团团，爸爸帮你开了一个银行账户，给你一张储蓄卡，我们可以把压岁钱放到银行里。"

儿子："为什么要把钱放到银行呢？"

爸爸："把钱存到银行，这跟蚂蚁储存过冬食物一样。冬天寒冷，蚂蚁不能外出寻找食物，所以要在夏季、秋季多找食物储存在洞里。到冬天时，蚂蚁不外出也有粮食，不致饿死。我们可以把收到的压岁钱存到银行，一点点积累。银行可以替我们保管，待有需要，比如你想买玩具，便有了一笔可用的钱。"

故事二：蜜蜂采蜜，以备不时之需

家长可以和孩子分享蜜蜂采蜜的故事。蜜蜂在花丛中飞来飞去，是怎样采蜜的呢？它是用嘴巴采集花蜜，用脚收集花粉的。

平日，蜜蜂都会辛勤地采蜜，但当下雨、刮风无法靠近花朵时，勤劳的蜜蜂就不得不休息。

所以，蜜蜂平日要勤劳一点，多采一些花蜜，储存在蜂房内，以备不时之需。这正如父母平日外出工作赚钱，为将来打算。

亲子时间

"有需要"还是"想拥有"

很多家长有一个共同的疑问：如果孩子很喜欢某样不实用或贵重的物品，家长应逃避、满足还是坚决不买？

买东西前，父母可与孩子一同讨论花钱的原则和标准，切勿采取逃避的态度，或没有缘由地坚决不买，或什么都买。例如以下情景。

女儿看见一双粉红色的袜子，很喜欢，想买下来。

妈妈："你记得我们何时买过袜子吗？"

女儿："一星期前。"

妈妈："那你天天都有袜子穿吗？"

女儿："有。"

妈妈："那便不需要买了。因为你有足够的袜子穿，而且这款袜子和一星期前买的，只是颜色不同，没有必要买，等袜子不合脚或破了洞再买，可以吗？"

购物准则是"有需要"才买

孩子在玩具店看见上面有卡通人物的玩具时，便想立刻拥有，但可能之前已买过类似的，此时父母便要与孩子定下购物准则——"有需要"才买。

父母可先问孩子类似的问题，引导他们学着分辨什么是"有需要"，什么是"想拥有"。

然而，面对心爱之物，孩子总能说出不同理由和借口，父母要考虑物品是否实用。如果该物品实用，便可考虑买，但要告诉孩子，这次买了，要保证在一段时间，如两个月内，不可买类似物品，这样孩子便会明白不是想买就能买。

如果孩子想买的是既不实用又占地方的巨型玩偶熊，那要坚决拒绝，哪怕孩子吵闹，父母也要坚持。

父母要与孩子定下购物准则——"有需要"才买。

明白买东西要"付钱"

我们必须告诉孩子"买东西要付钱"的道理。父母最好在孩子面前付钱，或让孩子付买东西的钱、付打车费，让孩子知道，买东西、享受服务，是要"付钱"的。

父母要和孩子商量，买东西前一定要问父母，由父母决定买不买，这样可防止孩子先斩后奏，拿了不必要或昂贵的物品到付款处叫父母付款，也可以让孩子想想买东西的理由，避免买不必要的物品。

用八达通卡付款就免费吗

许多孩子误以为用现金买东西才算"付了钱"，用信用卡、八达通卡等购买东西是免费的。孩子分不清八达通卡和现金的概念。

某天，妈妈和女儿一同到面包店买面包，面包4.5元，妈妈拿出很多零钱付钱，女儿看见便认为："那个面包是用'很多'钱买的，我无论如何都要吃完它！"

　　之后，两人又到超市购物。妈妈买了很多东西，有饼干、糖果和一些日用品，最后用八达通卡付款。回家后，女儿打开了很多包饼干、糖果，吃一半便丢在一旁，妈妈问女儿为什么如此浪费。

　　女儿的解释，令妈妈啼笑皆非："这些饼干、糖果都不是用钱买的，所以我吃不完就算了。"

　　妈妈："谁说这些饼干、糖果不是用钱买的？"

　　女儿："我看你只用一张卡'嘟'了一下就把饼干、糖果拿走了，那不是免费的吗？"

　　不知道各位家长有没有类似的经历，孩子是天真的，他们不知道电子货币可以代替现金付款。孩子以为只有硬币或纸币才是钱，不明白电子货币的作用，以为用电子货币付款，是免费的。他们认为，口袋里装满硬币的爷爷，比用八达通卡付款的妈妈有钱多了！

孩子几岁可以给八达通卡

　　当孩子需要自己乘坐交通工具上学时，父母可以给他一张八达通卡，并说明八达通卡只可做付交通费之用，不可乱买东西；如零用钱不够，可与父母商量，这样孩子便不会用八达通卡购买不必要的东西。

买哈根达斯还是雀巢

有一天，儿子和爸爸到文具店买卷笔刀，卷笔刀从 2 元到 20 元的都有。儿子选了一款他心爱的有卡通图案的卷笔刀。

爸爸说："20 元太贵了，我们只能买 10 元以内的。卷笔刀是用来削铅笔的，10 元的一样好用，选择也很多。"

孩子在幼年时不会明白"便宜"与"贵"的区别，父母和孩子一同购物时，可设定价格范围。如上例，爸爸和孩子商量只可买 10 元以内的卷笔刀，孩子便懂得在合理的价格范围内购买他喜爱的卷笔刀。

若爸爸答应，买了 20 元的卷笔刀，孩子便不会明白"便宜"与"贵"的区别，甚至养成"喜欢便买，不考虑价格"的习惯。所以拒绝孩子时，父母一定要果断！

买 50 美元的还是 5 美元的雪糕

节俭意识要从小培养，父母要让孩子明白节俭是美德，避免孩子日后养成浪费金钱和食物的恶习。一家人去酒楼，要先计算人数，能吃多少就点多少食物，有吃不完的食物，父母可在孩子面前打包，告诉孩子，吃剩的食物可加热再吃，并告诉孩子，世界上有很多人都吃不饱，所以要珍惜食物，不可浪费。

市场上有各种各样的物品，有便宜的也有贵的，怎样教孩子买便宜的东西呢？

儿子："爸爸，我想买雪糕吃。"

爸爸："你想买哈根达斯雪糕还是雀巢雪糕？"

儿子："哈根达斯雪糕！"

爸爸："但哈根达斯雪糕要 50 美元才买得到，你知道 50 美元可以买到什么吗？"

儿子有些好奇。

爸爸："用 50 美元可以吃一顿饭，还可以买到 10 杯雀巢雪糕，你说 50 美元买哈根达斯雪糕，贵不贵？"

儿子："贵呀！"

爸爸："如果用 5 美元买雀巢雪糕，剩余的 45 美元可以存起来或买其他东西。那你现在知道怎样选择吧？"

通过比较同类物品的价格，父母告诉孩子剩余的钱有更好的用途，他们便会知道节俭的好处，懂得如何做明智的选择。

该用则用，为善最乐

父母应如何教孩子理性消费，该用则用，不做守财奴呢?

长辈过生日，或大时大节，父母可以让孩子拿出一两元钱买礼物，提升他们的参与感，并让孩子知道，他们的贡献可以让家人开心。父母当然也要告诉孩子钱的其他用途，比如有需要时，可以为自己买些东西，例如用完一块橡皮，可以买一块新的。

为善最乐

除了存钱和花钱之外，父母也要教孩子在自己能力范围内捐钱，帮助有需要的人。

妈妈："肚子饿时，怎样能得到食物？"

儿子："用钱买。"

妈妈："如果你没有钱，是不是得不到食物？"

儿子："是呀！"

妈妈："那没有东西吃，是不是很难受？"

儿子："是的！"

妈妈："你有没有看见一些衣衫破烂的人坐在路边行乞？他们没钱买衣服和食物。如果我们有多余的钱，可以捐给他们，好让他们有钱买东西吃。"

父母说了"肚子饿"和"乞丐"的关系后，孩子便会明白，并不是人人可以解决温饱问题，要珍惜食物和金钱，不胡乱消费，而捐钱可以帮助穷困的人。

家长可以考虑每年与孩子一起捐钱，帮助有需要的人。

一起买礼物

　　家人生日将至，父母可以和孩子一起买生日礼物，先问孩子他们存了多少零用钱，然后提议，他们拿出部分钱，和父母凑钱买礼物。

　　在买礼物的过程中，父母尽量让孩子多参与——跟父母一起去商场或百货公司，考虑"寿星"的喜好和需要，然后决定买什么礼物。

　　家人生日当天，父母可以让孩子亲自送礼物，让他们感受收礼物者的喜悦。

亲子时间

穷养还是富养

我不赞成家长"装穷"。我们只要在日常生活中以"不浪费"为原则教导孩子，并告诉孩子穷和富的区别，以及相应的好处或坏处，便已足够。

穷和富的区别

我们可以在日常生活中教育孩子，例如乘公交车或出租车时，不要以价格高低区分交通工具，而是从实用性出发。父母更不要和孩子说，"出租车是给有钱人坐的，公交车是给穷人坐的"，而应该说，"公交车是给有充裕时间的人坐的，出租车则是给赶时间的人坐的"。否则，孩子便会误以为坐公交车的都是穷人。

若家长真的要告诉孩子穷与富的区别，可以跟孩子解释："有钱"的好处是选择会多一点，生活能过得好一点；没钱的人虽然选择相对较少，但"没钱"可以激励人努力脱贫。

贫富都好，珍惜拥有

无论选择的多与少，我们都要珍惜拥有，满足现状，懂得感恩。满足现状不是让孩子放弃努力，而是在珍惜拥有的同时，追求更好的东西。例如孩子已有笔记本电脑，可以做功课，但又想要一部 iPad，家长不妨告诉孩子，很多贫困家庭连电脑都没有，孩子要到公共图书馆借用电脑做功课，所以有笔记本电脑用，就要感恩，知足常乐。

满足现状，是在珍惜拥有的同时，追求更好的东西。

给零用钱的艺术

子女读小学时，已开始懂事，有自己的"朋友圈"。小学老师会要求学生做小组研习，孩子也难免要到同学家中讨论功课，这时候父母要给子女零用钱了！

何时开始给零用钱

我认为，若子女向家长要零用钱，或家长认为子女需要用钱，就可以给他们零用钱。

以我身边的例子来看，家长多数是在子女上小学三四年级时，开始给零用钱。零用钱给多少，由家长根据家庭经济状况，或子女的实际需要决定，可弹性处理。

有关零用钱的规定

父母给子女零用钱时，首先要向他们解释给零用钱的原因，同时要让他们遵守一些规定，如每星期只给固定金额的零用钱，花光了不会再给，所以孩子要做好计划，量入为出。这样做，能让孩子知道，不是钱花光了就可以随时向父母要，他们得学着管理自己的钱。

父母不要一次给太多零用钱，比如一次给一个月的零用钱。有太多钱，孩子未必会分配，很容易一下就花光。父母最好按一星期一次的频率给零用钱，就算孩子不小心花光了，也能及时纠正，告诉他们不能浪费金钱。

让孩子学会承担

有母亲说她平日会给女儿零用钱，但每次购物，女儿都要她付钱，特别是在买较贵的东西时。我对这位母亲说，要坚持自己的原则，平日已给零用钱，除了特殊情况，不要替孩子付钱；遇上特殊情况，仍要求孩子支付部分费用，让孩子学会承担。

我的大儿子喜欢买小说和绝版连环画。他在网上好不容易找到，可是要 200 美元。他找我要钱，我说可以提供 50 美元的津贴，他自己要付剩下的。

父母不要让孩子有错觉，甚至形成习惯，不用付出，就可以得到想要的东西，那会使他们什么都想要。

放手让孩子理财

儿子用 200 元买了一个陀螺回来，爸爸发现后，责怪他乱花钱。

爸爸说："给你零用钱，是让你乘车吃饭用的，你怎么将钱花在这个东西上？"

儿子毫不客气，反驳道："这是我的钱，我喜欢怎样花就怎样花！"

父母放手让孩子自主用钱后，他们很可能会将钱花在一些非必要的项目上，如买较贵的玩具等，遇到这种情况，家长应如何处理呢？

形成不乱买东西的习惯

首先，家长应平心静气地向子女解释，零用钱应该用于乘车、买零食、买文具等，而不是花在非必要的东西或需求上，如买玩具、去游乐园玩等。

如果孩子真的想买玩具或其他东西，或者想要的玩具很贵，可以先和父母商量，由父母出部分钱，自己出部分钱。父母要和孩子定下规矩，如超过某个价格，便不能买。

形成习惯后，孩子便不会乱买东西，哪怕他手里攒了不少钱，也知道如何合理使用。

一开学就买新东西

每逢开学，不少家长会遇到一个头疼的问题，就是孩子会要求父母买新文具、新鞋袜、新书包等东西。这可能是受到同学的影响——同学聚在一起，难免攀比。

对于此问题，家长可以灵活处理。如经济能力许可，父母可以买一些孩子要求的上学用品，哄他们开心，也可以按"应买则买"的原则衡量孩子的要求，如衣服合身就不要买，即使孩子说"可以留给弟弟妹妹"也要拒绝买。

> 形成习惯后，孩子手上即使有钱，也知道如何合理使用。

"大花筒"和守财奴

上小学后，家长就可以给孩子一些零用钱，以应对简单的日常消费及不时之需。有趣的是，初接触零用钱，孩子通常会有两种截然不同的表现：一是视零用钱为非常珍贵的东西，太"小气"，一心想要存起来，买什么都找父母要钱；另一种是太过"大方"，时不时就请同学"吃大餐"。父母遇到这些问题，应如何处理？

告诉"小气"孩子，钱要用得其所

首先，要解决孩子"小气"的问题，父母可以循循善诱，向孩子解释钱的用途，不可"有入无出"，也不可"有出无入"，适当存钱，也要适当花钱，该用则用，不然只会变成"守财奴"。

父母要告诉孩子，钱除了用于日常消费外，也可以用来买礼物送给他人表达自己的心意。父母可以安排一些机会让孩子花钱，例如长辈生日，让孩子跟自己凑钱买礼物。

妈妈："爷爷下星期日过生日，我们一起凑钱买礼物给爷爷，好吗？"

女儿："我……"

妈妈："你要知道，钱是有用途的，存钱当然是好事，但要花些钱，不然钱便和纸一样，失去了价值。你花一点钱买礼物送给爷爷，他一定会很开心，就像你学习成绩有进步，我们买小礼物送给你一样。你不要因为节俭，忽略表达你对亲人的爱。"

另外，父母可以鼓励孩子买东西给自己，看到喜欢的小玩意儿，可以用零用钱买下来，该花则花。家长还可以教孩子捐款，尽自己的力量帮助穷困人士，这也是解决孩子太过"小气"的方法之一，最重要的是，钱要用得其所。

耐心教"大方"孩子适当用钱

虽然有部分孩子"不舍得花钱"，但也有天生"大方"的孩子，下面是一个例子。

妈妈给儿子 60 元的零用钱，不料 3 天后，儿子又向妈妈要钱。妈妈感到很奇怪，为什么儿子刚上小学，3 天就把钱花光了？

妈妈："我 3 天前才给你 60 元钱，怎么这么快花光了？"

儿子："你和爸爸教我做人不可太'小气'，我用钱请同学吃东西，他们都很喜欢我，每天围着我，要我请客。如果我不请，我怕会没有朋友。"

妈妈才明白其中的原因，便说："你要明白请人吃东西是好的，但不是让你用大部分零用钱请客。如果你有10元钱，可用三四元钱请客。其实，同学朋友间要礼尚往来，大家轮流请，如果他们没有请你，那你也不必经常请他们。如果有个别同学真的很穷，有需要可以找老师帮助，如果只是你单方面请客，你有多少钱都不够用的。"

父母这样解释后，孩子才不会胡乱花钱，做"大花筒"，也会明白如何适当使用零用钱。

最重要的是，钱要用得其所。

人有，我也要有吗

香港不少家庭是非常富裕的，孩子含着"金汤匙"出生，不忧衣食，想要什么都可以达成心愿，但这并不意味着家长不需要告诉孩子正确的金钱观念。不少富裕家庭的父母都担心，如果孩子将来变成想买就买的"购物狂"，那该怎么办？

"需要"还是"想要"

首先，我觉得父母要告诉孩子"需要"和"想要"的区别。如果父母没有告诉孩子，日后他们很可能见到喜欢的东西就要买。

其次，父母要教孩子不能与他人攀比，如果经常拿自己的生活质量，与富裕家庭的比较，总是不会满足的。

父母应以身作则，不要在孩子面前将自己家与其他家庭比较，因为父母是一面镜子，是孩子学习的对象，一举一动都会影响孩子，所以想让孩子有正确的金钱观，父母要做好榜样。

如何避免孩子变成"购物狂"

　　父母不想孩子成为购物狂，就要让孩子懂得知足常乐的道理，记住知足与穷富无关，而是做人应有的态度。孩子学会了感恩和珍惜自己所拥有的，便不会与人攀比而胡乱购物。

> 如果经常与别人比较，
> 总是不会满足的。

报喜也报忧

家长都会有一个疑问：应不应该向孩子透露家庭的真实财务状况？要怎样讲呢？

切忌报喜不报忧

我认为家庭财务，不仅是大人的事，也是其他家庭成员的事，所以要讲给孩子听。要讲多少？这要视子女的理解能力。我认为，家长始终要和孩子分享家庭的财务状况，但要切忌报喜不报忧，自己骗自己，因为这样对父母和孩子，都会有不良的影响。

有些家长喜欢"充大头"，明知家庭经济能力有限，为了面子、出风头，硬要买一些自己负担不起的物品，令家庭财务陷入困境。如果子女看到父母购买奢侈品，开名贵跑车，出入高级餐厅，自然以为家里很有钱，并且认为这是正常的生活标准，从而形成了错误的判断。当家庭真的陷入困境，孩子一时会接受不了事实。所以，不论贫富，父母一定要坦诚告诉孩子家庭的真实财务状况，让孩子有一定的心理准备。

父母被"炒"是否该告诉孩子

虽然失业或多或少会影响家庭财务状况，但父母要谨记保持积极的心态，别将负面情绪发泄在孩子身上。遇到失业的情况，父母可坦诚告诉孩子，分享自己的心情，也可借机告诉他们理财之道和正确的人生态度。

爸爸："爸爸的公司因为有财务困难而裁员，爸爸也被辞退了。"

儿子一脸惊恐："那怎么办？我们会不会没有钱吃饭、没有钱交房租，甚至饿死？"

爸爸："没有那么严重，傻小子！爸爸虽然现在失业，钱少了，但爸爸之前不是说要有存钱的习惯，以备不时之需吗？像爸爸现在这种情况，我们可以用存的钱暂时应对生活所需。虽然爸爸现在没有收入，但爸爸会尽快找到工作。你要记着'天无绝人之路'，做人要有抗打击能力。钱少了，我们可以减少无谓的开支，例如少买不需要的东西，暂时不去旅行等。你可以少参加兴趣班，留下的钱可以慢慢用，直到爸爸找到工作。记着，一家人要同甘共苦，一起战胜困难，知道吗？"

儿子："看到爸爸这样积极，我也不怕！"

通过失业的情况，家长可以转逆为顺，告诉孩子无论遇到什么风浪，都要保持积极的心态，这不仅关于理财，也是人生的课题。

家庭财务，是每一个家庭成员的事!

知道爸妈赚钱辛苦

面对孩子，我知道很多家长都是"报喜不报忧"，特别是独生子女家庭。现在很多父母都会将自己认为最好的给孩子，例如日常用品选用较贵的，这样做其实不好。世事难料，如果将来出现金融风暴、社会经济环境转差、减薪或失业等情况，那时父母给不了"最好"的东西，孩子可能会有落差，以为父母不再爱自己，接受不了现实，情绪出现问题，如跟父母吵架等，使家庭关系不和谐，影响学习成绩，甚至出现自杀倾向！

家长可以在日常生活中慢慢告诉孩子爸爸妈妈辛苦赚钱的事实，让孩子知道，要明白赚钱的概念。孩子有了赚钱的概念，知道了钱的来源，便懂得感恩。但家长表达不要过于刻意，例如有老人在孙子面前讲："你爸妈赚钱辛苦，所以要省着点用，知道吗？"

家里的钱从哪里来的?

父母想要孩子明白金钱的来源，可以参考以下两个方法。

方法一：带孩子到自己工作的地点、办公室，让他看看自己工作时如何辛苦，慢慢地，孩子会明白赚钱是要付出努力的。

方法二：当父母因加班而夜归，可向孩子解释原因，并带上工作不易的信息。

儿子："妈妈，爸爸为什么晚上 10 点多才下班，不能陪我一起吃饭呢？"

妈妈："爸爸工作繁忙，要在公司加班。赚钱不是一件容易的事，除了要将工作做好之外，还要面对领导和同事，工作压力不小！你要知道你有房子住、可以上学、有玩具玩，都是因为有爸爸辛苦赚钱。"

亲子时间

用钱"买"好表现

有一天，妈妈生病，想让女儿下楼买一碗粥。她拿出 18 元钱，岂料女儿居然说："不够啊！"

妈妈："18 元够买一碗粥啊。"

女儿："你平日要我做家务，都会给我 10 元作为报酬，18 元只够付粥钱，我不去！"

这是在我朋友身上发生的真实情景。妈妈生病时，孩子还在看重钱。难道父母要在这种情况下才纠正孩子的金钱观吗？

别用钱进行不恰当的鼓励

不要用金钱鼓励孩子做一些他们本来应做好的事。有父母跟孩子商量，如果在半小时内吃完晚饭，便给他们零用钱。其实，好好吃晚饭是孩子应做的事，若什么事都用金钱进行鼓励，孩子便只为钱或物质回报而做事。一旦你不再用金钱鼓励孩子，他们便会撒野，例如得到钱才肯起床上学。那时，父母便很难再用道理说服他们了。

当孩子习惯要到钱才做好自己的事时，家长便很难说服他们了！

购买保险是重要的投资

保险是一个重要的投资工具，父母应告诉孩子购买保险的重要性，但不需要复杂的讲解，只需让他们知道，购买保险是一项保护自己和所爱的人的投资就可以了。

保险可以"保护"自己和亲人

妈妈："囡囡，知不知道什么是保险？"

女儿："不知道。"

妈妈："购买保险是一项保障人生的投资，就好像你平日到银行存钱一样。每月投在保单上的钱，会积少成多。但和存钱不同，保险公司的赔偿金，多是因不好的事情发生才会给付。你要知道现实生活与迪士尼世界不同，现实中会有很多始料不及的事情发生，如重大疾病或事故等，而保险是将钱存起来，当投保人有意外时，他列明的受益人便会收到一笔钱。即使发生什么事，亲人的生活也有保障，不用担心钱的问题。购买保险是一项投资，是关心亲人的表现！"

因因："原来如此，我将来有经济能力时，也要购买保险保护自己和亲人！"

妈妈："那就对啦！"

购买保险，是投资理财中不可或缺的部分，父母应尽早告诉孩子相关知识，让他们知道未雨绸缪的好处，不要有多少钱就用多少钱，而要有长远的打算，适当投资，有"保护"自己和家人的意识。

> 保险是一项保护人生的投资，购买保险是关心亲人的表现！

经济学第一课

一到三年级的孩子已有一定的理解能力，家长可以向他们介绍一些简单的经济学概念，例如"机会成本"，让孩子知道很多东西都是稀有的，钱和资源是有限的，选择的同时，也意味着放弃。如果孩子不知道资源有限，便可能浪费金钱和一些资源。

认识"机会成本"

有一天，父子经过街边的水果摊，看到苹果和橙子都是10元3个，儿子两种水果都想买，于是说："爸爸，我又想吃橙子，又想吃苹果，可不可以两样都买呢？"

爸爸："但我们只有10元钱，如果你买了苹果，就不能买橙子，你自己决定买哪一种。"

父母应通过生活细节告诉孩子，钱和资源是有限的，进而让他们知道如何善用有限的资源，获得自己需要的东西。

教孩子将钱用在适当的地方，权衡选择项和放弃项。

做精明的消费者

家长可在孩子念小学三四年级时，教孩子比较价格，如带子女到超市或便利店，看看同样产品在价格上有什么区别。通过简单的购物，父母可以教孩子比较价格，不要盲目消费，要做一个精明的消费者。

有一天，女儿突然很想吃薯片，便叫爸爸去买。

女儿："爸爸，我想吃薯片，我们去买吧！"

爸爸："好呀！但我要带你到两个地方，比较薯片的价格哪里的便宜，哪里的贵。"

爸爸首先带女儿到便利店看，问女儿："这里薯片卖多少钱？"

女儿看了看，答："14 元。"

爸爸要她记住价格，然后带她到超市去看。

到了超市，爸爸指着同样牌子的薯片，继续问："这里薯片卖多少钱？"

女儿说："10元。"

爸爸："哪里的比较便宜？"

女儿："当然是超市的啦！"

爸爸："那你以后知道去哪里买东西吧？"

精明的消费者

　　下次，孩子提出想购买某种物品时，家长可以带他们去不同的地方"比价"，例如百货公司、连锁店、小商店、超市和便利店等。

　　价格差异的原因，有租金、地区等，孩子年纪小，不容易明白，家长只要让他们大概了解，不同的购物地点的商品价格有差异就够了。

　　最重要的是让他们养成比较价格的消费习惯，不盲目花钱。

亲子时间

小学生可以用智能手机吗

相信多数父母都遇到过这个难题：是否该给孩子买手机呢？如今是信息时代，几乎人人手上都有一部智能手机，孩子看见父母用智能手机，不免也想要一部。

孩子需要用手机吗

如果孩子年纪小，上学有人接送的话，家长不用买手机给孩子。因为孩子自我控制能力比较差，如果有了手机，他们可能只用来玩游戏、上网，甚至在过马路时投入地玩手机，这样很可能会发生意外。而且大部分学校也有规定，不准学生在校使用手机。

我不建议家长太早买手机给孩子，除非孩子独自上学，放学独自回家，要和父母保持联系，这时父母可以给孩子买一部功能简单的手机，而不是一部掌上游戏机。

约法三章

如果孩子坚持要买一部智能手机，家长可根据需要及孩子的自控能力，酌情处理，比如选择最基本的话费套餐，教孩子通过Wi-Fi 上网，节省手机流量费用。

父母要跟孩子约法三章，例如规定孩子在学校不许用手机，及时接听父母的电话等。为避免孩子丢失手机，父母应事先跟他们约定，如果他们把手机弄丢了，要在零用钱或压岁钱中扣掉相应数额，作为惩罚。

给孩子一部手机，并非给他一部掌上游戏机。

拒绝附属卡

曾有一位友人告诉我，他的儿子工作数年，有稳定收入，却不知什么原因，申请了16张信用卡，欠下巨额贷款，只能每月为银行打工。

其实，这种情况并不罕见，特别是现在不少银行大力宣传，吸引年轻人使用信用卡消费。年轻人若未能了解信用卡的真正用途，盲目申请，胡乱消费，很容易陷入财务危机。

初中生可以申请附属卡吗

若孩子在上初中，要求父母办一张附属卡，家长是否要照做呢?

家长若已给孩子足够的零用钱，孩子的钱应该够用，不需要给他们申请附属卡，如果太早给孩子办信用卡，他们未必有能力控制自己，有可能过度消费。

儿子："妈，我想让你替我申请一张附属卡，可不可以？"

妈妈："你的钱不够用吗？"

儿子："不是，我看到广告中用信用卡购物，好像很开心。而且班里有同学有，我也想要！"

妈妈："首先，你要知道刷卡购物不等于开心，那是广告商和银行吸引年轻人借钱消费的手法。这样的消费观其实是不正确的。而且你要知道信用卡的含义，申请信用卡的人要有'信用'，即要有工作和稳定的薪水，证明自己有偿还欠款的能力，银行才会发信用卡给他。"

信用卡最大的好处是，能让人少带一点现金，方便付款。如果使用信用卡消费，有多少信用额，我们最多就用多少，不要超额消费。这样使用信用卡消费比较安全，最重要的是尽快还清欠款，不要到最后还款日才还款，或只还最低还款额，否则贷款越积越多，可能被银行要求交滞纳金。

用零用钱取代信用卡

我鼓励以现金作为零用钱，好处是能控制孩子的花销，避免他们过度消费，欠钱太多。即使孩子要申请信用卡，也要等到他们 18 岁成年之后，以自己的经济能力和"信用"申请，不靠父母担保。

家长看到银行贷款消费的广告信息时，要平心静气地向孩子说明这种消费方式不正确即可，不要偏激，指责广告"骗人"。家长更要告诉孩子"莫贪便宜"的道理，不要因为申请信用卡可获得礼物或优惠，就不断申请。

> 孩子太早拥有信用卡，
> 未必有能力控制自己，
> 有可能过度消费。

分清"投资"与"投机"

很多父母都会问我，是否能在孩子面前谈论投资的情况，父母在投资市场上的赚和亏，是否应让孩子知道。

其实，父母可以大致解释，什么是投资、投机，以及两者的区别，相信 10 多岁的孩子，会有自己的判断。

投资与投机

女儿："爸爸，为什么要投资？"

爸爸："其实投资最大的目的是将现有的资本增值。打工所赚的钱，是不够退休后用的，无法对抗通胀。投资一些有良好信誉的公司，等待公司派发股息，这样可以累积财富。"

女儿："有时我经过证券交易所，看到很多老人家在看股价，他们是不是都在投资？那怎样分辨投资与投机？"

爸爸："你在证券交易所看到的人，多数是在看股价的升跌，那些是投机者。投机者是在交易前，没有做什么准备，只靠'估'和听小道消息进行交易。这属于短期买卖，性质上和赌钱没什么区别。投机就如掷骰子、赌马、赌博一样，结果是难以估计的，仅靠运气，没有信息可参考。

"而投资是指投资者通过买股票累积财富，而累积财富需要比较长的时间，几个月至几年不等，除了希望自己买的股票升值外，还希望自己投资的公司业务稳健，财务状况良好，到某个特定时候能派发股息给投资者。

"投资者要想在投资中获利的机会大一点，在投资前要做足功课，如观察公司的经营能力、了解整体经济环境等。投资者决定投资某家公司后，是靠公司的管理层为自己赚钱的。虽然投资未必百分之百赚钱，但相对比较稳定。"

女儿："原来如此！"

买六合彩和打麻将

我不鼓励投机，因为那就像赌博一样。同样，我不鼓励孩子买六合彩、打麻将。若是为了热闹，与亲友联谊，是可接受的，例如与同学凑钱买中秋金多宝，或者每逢年节陪长辈"摸两圈"。最重要的是，孩子不能有靠买六合彩和打麻将赚钱的心态。

记账好习惯

儿子："妈妈，我之前跟你说我想买一个卷笔刀，但是钱不知花到哪里了，现在钱不够买卷笔刀了。"

妈妈："我看你的记账表，最近花了很多钱在扭蛋上。如果你少买扭蛋，那很快就能存够钱买卷笔刀。"

儿子："原来这样，我自己都没有留意，看来不光要记账，还要不时检查钱花在哪里了。"

妈妈："那你要保持这个良好的习惯啊！"

父母可以在孩子读初中时，鼓励他们记录自己的支出。即使孩子漏记了一两项，也不要紧，最重要的是让孩子思考：钱用在了哪里？买的东西有没有必要？对自己有益吗？

若父母发觉孩子买了 10 多支高价圆珠笔，可以问他是否用得上，如果用不上，以后尽量少买，要买有用的东西。父母应和孩子一起定期翻看记账本，并帮助他们分析自己的消费模式，教他们明智地消费，减少不必要的支出。

此时，父母可以趁机告诉他们"机会成本"的概念。

家长可以在孩子读初中时，鼓励他们记录自己的支出。

第四阶段
高中生、大学生
学理财

使用信用卡的正确心态

最近好友跟我诉苦，说他的儿子保罗（Paul）欠了很大一笔信用卡贷款，并找我帮忙解决问题。保罗有固定工作，月入两万，按理说足够日常生活消费。但他一共申请了 16 张卡，贷款 30 余万元。具体原因，大家都不清楚，但与一般赌债和个人因突发事件需要大额借贷的情况不同。

据了解，保罗是一个比较容易受他人影响的人。例如接到推销电话，或在商场被推销，他会来者不拒。于是，他本来只是想申请一张信用卡，尝到"先使用未来钱"的甜头后，便不知不觉越刷越多，办了好多张卡。

不能陷入"为贷款打工"的境地

保罗无法还清贷款，于是"以卡养卡"。保罗从新的信用卡提取现金，支付其他卡的最低还款额，结果不到两年时间，他已沦落到"为贷款打工"的境地。每月两万收入，但他比领社会救济金的人员的生活质量还差。他每月最少要还 1 万多元，还要给家里 7 000 元，自己只有不到 3 000 元可用。

我建议保罗借个人贷款将所有贷款还清，每月还款约 8 000 元，不到 4 年便可还清，否则未来三四十年都得为银行打工。

贷款的原因众多，我很久以前也因为投资失利，借现金周转，但只是借了不到 3 个月，最后选择以个人贷款解决。香港的信用卡年利率超过 30%，而个人贷款利率一般是 6%~7%，不超过 10%(依据借款人的信贷条件及记录)，两者差距较大。

如何正确使用信用卡

年轻人过度消费，不懂理财，容易受潮流或者广告影响，究竟要怎样避免过度消费呢？我的建议如下。

1. 为方便消费，最多只持有两张信用卡。

2. 不要为了优惠、赠品或会员礼品，申请不必要的新卡，以免因小失大。

3. 养成良好习惯，每月收到月账单就还，不要自作聪明，为了节省利息，到最后限期才还。

4. 仅把信用卡作为支付工具，而不是用来随意消费，不要让自己沦为信用卡的"奴隶"。

5. 切记不要从信用卡中提取现金，除非遇到突发事件。

摆正自己的消费心态

　　归根究底，银行及信贷公司以不同形式推销最低还款额的概念（但利息其实非常高），甚至宣称可以"低息申请贷款""欠款一笔清"等，都是鼓励人过度消费。这些推销手法虽被人诟病，但我们应自我反省，不要贪图享乐，要好好管理自己的消费模式，摆正自己的消费心态。

告诉孩子信用卡的真正用途

　　父母尽早告诉孩子信用卡的正确使用方法和作用，是非常重要的，不要等出现问题时，去责怪金融机构的推销。还不上信用卡贷款会让人的生活变得混乱，使人对生活失去兴趣，甚至不关心自己的健康，与家人疏离，还可能丢失工作，长远会影响人生计划，如置业、结婚等。

　　有些大学生不了解信用卡的真正用途，未毕业已负债累累，所以家长要早一点帮孩子建立正确的理财观念，越早越好。

> 面对"先花未来钱"的诱惑，我们要好好管理自己的消费模式，摆正消费心态。

年轻人投资须知

我从事金融行业 20 多年，前排、中排的岗位都做过，与不同类型的市场参与者如机构投资者、个人投资者等也都接触过，了解他们的心态。

大家不要以为只有个人投资者才要求短期回报，我接触过一些对冲基金经理，他们投资时间不长，交流起来，口吻和思维与个人投资者没有两样——只打算持有数天，只要求数个百分点回报（不理会下跌风险），只有买入策略，没有对冲，甚至连公司年报也不看。如果各位选了这样的基金，结果如何，不难预测！

明白投资风险和特性

不少大学生向我请教："李先生，有没有股票，可以两个星期涨 5 个点？"他们不想把钱放在银行（因为低息），想冲入股市，投资赚钱的股票。他们通常都不了解产品的风险和特性，只想赚钱。

　　若遇到初接触股市的年轻人，我一般会介绍盈富基金。盈富基金相当于"一揽子股票"，可分散风险，不用担心投资的某家公司倒闭。而盈富基金的利率有 3%，如果股市上升 5%，那么每年有 8% 的回报，相当不错了。但要清楚，投资就可能亏损。长线投资，最重要的是所投的钱不急着用，且投资者了解股市有升跌的规律。

不要亏了还不明所以

　　明白风险而投资，没有问题。但那些从来没有接触过股票，不明白股票、基金的价格会跌的人，可能亏了积蓄也不明所以。甚至有临近退休，或领了退休金的老人，去股市"玩一下、试一下"，最终亏了一大半的积蓄。

　　撇除欺诈、错误引导的情况，主要原因还是自己不明白投资是什么，不明白投资的风险，心有贪念，希望赚取比银行存款高出很多的回报。从未接触过股票而贸然去碰，好比不会游泳的人去海里游泳，即使获救也可能丢了半条命。

从小培养理财观念

　　如果我们早点告诉年轻人正确的价值观念和理财观念，上述现象或许不会发生。

　　1. 投资与投机的区别。

　　2. 风险不是任何人都能承受的，不同年纪的人可承受的风险不同。

3. 风险要分散。

4. 投资回报需要时间。

5. 明白等待的重要性。

这样，年轻一代才会减少比较，愿意等候，该用则用，养成良好的储蓄习惯。习惯是要从小培养的，而不是有钱之后才培养。孩子的价值观念不对，长大后了解了投资的皮毛，却不会合理应用，很多时候会害了自己。

我们应尽早帮年轻人建立正确的价值观念和理财观念，而不是等他们有钱了才考虑。

年轻人应有公屋梦吗

我们要有理想和目标。人没有理想和目标，是一件可悲的事。

近几年，房价"突飞猛进"，早已超越 1997 年的高房价，于是不少家长让大学未毕业的孩子申请公屋①。

不要夺走孩子的斗志和理想

除非有特别的理由，否则只因为害怕"无瓦遮头"，父母便叫大学未毕业的年轻人提前排队申请公屋，其实是间接夺走了孩子的斗志和理想。

一个有潜力和上进心的年轻人，可能会被"我要住公屋""拥有了公屋，我便没有其他问题""公屋是我的终极目标"等想法所牵绊。即使他有雄心壮志，也会不知不觉地被消磨掉，错过机会，不知他和自己的父母将来会不会后悔。未尝试过，未闯过，怎么知

---

① 公屋：由香港房屋委员会或香港房屋协会兴建的公共房屋。

道自己的潜能有多大呢?

虽然现在的机制给予了年轻人申请公屋的权利，但年轻人首先要分清自己是"想要"还是"需要"，若申请公屋是实际需求，也应作为短期目标，待有能力，再将公屋让给更有需要的人。而相关部门也应提供短期青年公屋，资助非营利性组织为年轻人提供宿舍。

未闯过怎么知道潜能多大

现在房价高，不代表房价会永远高。市场有升有跌，经济有循环周期，房价也会有起落。但年轻人的斗志，未经过社会锻炼，就被消磨掉，确实很可惜!

敬业乐业

俗话说，行行出状元。在银行或大机构，做最简单的工作，付出百分之百的努力，最后可升至一二把手；做清洁工，努力存钱，也能承包业务当小老板；做学徒，通过努力，也能当上分包商。

成功离不开努力，不要怕吃亏，重要的是尊重自己的工作，敬业乐业。纵使在茶水间工作，只要称职、尽责，同样能赢得同事的赞许和尊重。

车站管理员的故事

以下是一个真实的例子。刚参加工作的年轻人要好好想想，工作中有什么可以学习或者值得借鉴的地方。如果只因为不喜欢，不愿等待，便不停换工作，将来回过头看，或许会后悔，遗憾就更不用说了。

我们办公楼里有一位公交站的管理员，不少人形容他高大、有型，看起来有才学。他在自己的岗位上做了约两年，给每个人的印象都是乐于助人、敬业乐业。

下雨天，他会准备 4 把伞，方便出入大厦的人借用。

老年人或有身孕的人上车、下车，他会提醒注意脚下，或者扶上一把。

他为乘客开车门，人多排队时会主动挡车。

他告诉司机若要去厕所，会帮忙看车。

他有礼貌，注意环境的整洁，会主动捡起烟蒂等小垃圾。

他管理停车，却没有司机投诉他。一般管理员与司机多是对立，他却例外。

结果，他赢得了几乎所有人的称赞，获得了春节礼物、红包称赞信等，每天收到的水果都吃不完，还会转送他人。

别因职业看低他人

不知是公司培训得好，还是领导知人善任，总之，他的工作态度值得每一个人学习。

此外，我们要教孩子尊重他人，不论哪种工作，都是值得尊重的，不要因为职业而看低他人。

有时在街上，看到一些流动小贩卖自制的小饰品，我会多买一些送人。因为我看到别人自力更生，赚取微薄的收入，会很想支持。

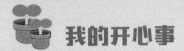 **我的开心事**

◆ 我发了一个短信给朋友："Great News，I get a promotion！"（好消息，我要升职了！）朋友马上回复："恭喜你升职！"我答："是呀，在公司附近新开的法国餐厅吃了一顿味道好且超值的午餐。餐厅环境优雅，三道菜加咖啡才98元，这难道不是餐厅的推广价（promotion）吗？哈哈！"

◆ 小儿子想坐校车，他提出一段时间了，妈妈有些犹豫，我则极力支持。他既然提出，代表他认为自己可以做到。第一天回家后，我问他有什么感受，他说有些紧张，但我仍感到高兴，因为儿子踏入另一阶段了。

◆ 我为"旺角街坊会陈庆社会服务中心"做了一个"亲子理财"讲座，当时有点头疼，状态不是很好（回家还呕吐），未能做到最好，但能和家长及孩子交流，觉得值得和开心。

◆ 我受一个纪律部门邀请，以"家庭教育"为题做了演讲，小儿子也参加了。面对数十位严肃的纪律人员及他们的家属，小儿子和我一起完成了演讲。开心的是有不同行业的机构邀请我，而且小儿子越来越习惯在公众场合演说，虽然离流畅还远，但我很欣慰。

◆ 近日去一家股票公司推介公司产品，离开时有一位投资者走过来对我说："我记得 10 年前你也说过同样的话，依靠退休金的投资者不应接触高风险产品，非常感谢。"我感到开心，原来我说过的话有人记得。同时，我真的要审慎地给别人意见。

◆ 小儿子参加了 400 米赛跑，同场有 6 个选手，他跑了第五名，我们没有失望，因为其他人比他高大、跑得快很多。后来公布成绩，他竟然得了第一名！原来由于一些同学要参加不同比赛，所以同一年龄的同学无法全部同时比赛，而以时间计，他是最快的。当我听到之后，真的开心到流泪。

◆ 我应邀去英皇书院同学会小学第二校分享"亲子理财"的心得，我以"如何教孩子理财"为题做了讲座，家长们反应不错。虽然只有 20 多人到场，但卖出了 30 多本《从 1 元钱开始》，而此书的销售所得会全数捐给慈善基金，非常感谢家长们的支持和善心！另外，值得一提的是，校长、副校长及工友们都相当友善，脸上总是挂着开心的笑容，相信同学们的学习环境也如这笑容一样，让人感到温暖。

◆ 两个儿子分别代表自己的学校参加校际田径比赛，虽然比赛时未能拿到奖，但他们回家后都争相分享比赛的心情。除了比赛，学校的活动也很精彩，总之比上课开心。我告诉他们，我从小学到初中，参加过 100 米赛跑和 200 米赛跑，也拿过不少奖呢！

◆ 公司推行导师制，安排了两位导师给我。其中一位在公司已做了近 8 年，是部门主管。他问公司为何要选他们参加这个计划，公司说要互相交流。见面后，我觉得他不错，准备把他加入我们的导师通讯名单，好让大家能有更多交流的机会。

◆ 参加在马会举行的香港大学 100 周年的校友会活动。我在活动中见到校长及认识的教授，还和程介明教授谈了关于香港教育的看法，获益良多。本想通过赛马碰碰运气，可是那天幸运之神只眷顾太太，而我获邀成了慈善大使之一，哈哈！

◆ 父亲节，两个儿子与太太"凑份子"请我吃我最爱吃的越南餐，还写了一张卡送给我。这是我们家第一次父亲节的庆祝活动，我非常高兴。

◆ 参加了"定额投资"研讨会。投资者准时出席，人数比预期的多，他们全程认真，发问不断。我很开心是一个充实且有互动的研讨会，希望对参与者有裨益。

◆ 常用的洗手液用完了，我趁晚饭后散步，去买了几瓶，每瓶 15 美元，然后去万宁和惠康"比价格"，见到分别卖 19.9 美元和 21.9 美元，贵 4.9 美元（33%）及 6.9 美元（46%），原来大型连锁店的销售策略和价格是这样的！开心的是能够支持小商户，还能做一个精明的消费者！赞！

◆ 书展期间，我做了两个推广活动，感谢几位导员前来支持，更开心的是成功向一位 22 岁的年轻人推介了我的亲子理财书，我从来没有想过未结婚的年轻人会购买。一位姓钟的太太买了 5 本，说会送给有子女的亲戚，真的很感激。

◆ 中午与家人去位于上环的日本私房菜馆吃饭，店里座位不多，但有一种家的感觉。厨师是一位日本太太，我们一边看她做菜，一边享受美味的温泉蛋、山水豆腐、咖喱饭，度过了一个有美食且悠闲的中午。

◆ 晚上做了一个有关投资产品的讲座，天气预报说 10 点半后刮 8 号台风，我加快速度，提前一刻讲完，但是投资者踊跃问问题，讲座至 10 点 10 分才结束。虽然我怕被大雨淋湿，但被投资者的热情所感动，值得！

◆ 在公司做了一个午餐讲座，到场人数不少，有特意来捧场的，也有为了拿专业进修时数的。讲座结束后，同事过来说："Well done！"（干得不错！）原来他是感谢我帮了他的忙，因为他拿到了 1.5 小时的专业进修时数，哈哈！

◆ 在餐厅碰到曾经教我的系主任，与他交谈了一会儿。除了感谢他的教导，我也欣赏他的教学态度。他曾做了 3 个小时的讲座，中间休息了不足 10 分钟。他用心讲解，务求每个学生明白，绝不敷衍。我常以教授为榜样，不论讲什么内容务必让听众不觉沉闷，争取讲得明白易懂。

◆ 去金钟的擦鞋师傅李伯那里擦鞋，他每次都会讲一些工作上的心得。这次他说："我擦鞋，如果擦得不好，整日都会不开心，我比客人还挑剔。"他的话听起来很舒服，客人不会觉得他在推销。每个年轻人都应去一次，听听真正的 Sales Talk（销售辞）。

◆ 在深圳高峰时段等出租车，一辆出租车停在我前面，等着我上车，我正摸不着头脑，司机说："在前面路口，乘客便下车了，你不用等了。"感激！

◆ 按摩技师说："李先生，你的肚子好像有点大了。"我装作生气。她马上说："腹大，就是'福大'，好事，好事。"哈哈，我又学了一样东西。

◆ 我们与欧洲来的主管一起去吃广式火锅，让他感受中国的饮食文化。除了牛肉之外，他都不认识，最后吃到芝士肠，他才有"回到家乡"的感觉，哈哈！

◆ 我们父子三人经常把一罐250毫升的饮料分作3份，然后看谁拿到最多的那一份，我分配，小儿子、大儿子先选择，每次玩，我们都觉得很有趣！

◆ 好友的母亲病了，四姐弟轮流陪伴照顾，互相帮助，我很欣赏他们的做法。

◆ 某金融机构在中环花园设了一个小型高尔夫球练习场，我刚好在附近约了客户吃午饭。饭后经过，我们玩了15分钟，算是偷得浮生一刻闲吧！

◆ 与太太去逛庙街，看中一件小饰物。店主主动减了5元，我说再减5元，40元卖给我。他说5元也要计较，我回答："对呀，5元你就不要计较了！"大家相视而笑，成交了！

◆ 去摆花街的兰芳园吃"捞丁"①，还要了一杯丝袜奶茶。我很少喝奶茶，但它味道真的很香、很甜、很滑，更特别的是，待奶茶凉一些，喝起来更滑！和其他人一样，我离开时非常满足和开心。

◆ 我们部门来了一位新同事，为了欢迎他，大家一起聚餐。由于午饭时间短，我们只能点薄饼、意粉，虽然简单但胜在快，不错！

◆ 在澳大利亚吃了正宗的越南菜（因为澳大利亚有很多越南人），有新鲜的蔬菜，如香花草、薄荷叶、紫苏叶等，每次吃都很尽兴。

◆ 有一晚，在铜锣湾看街头群众表演，我唱了一首 Beyond 的《海阔天空》，感觉既兴奋又舒畅，赞！

---

① "捞丁"：香港茶餐厅的一种特色食品。

03

父母的角色

———

父母是"镜子"

有这样一个故事。一位老人不停散播邻居年轻人是盗贼的传闻，结果年轻人被拘捕，在法院受审。最后，年轻人被证实无罪，相反老人被控告诬告。

在法庭上，老人辩称："我只是说说而已，没有对他造成伤害呀！"法官让他明天再来听审判，但要求他做一件事，就是把捏造年轻人是盗贼的经过写在一张纸上，然后撕碎丢掉。

第二日，法官对老人说，在未宣判前，请你找回昨天丢掉的那些碎纸。老人说："我怎么能找到，别说全部，连一小片也难找到，它们已被风吹到不知哪里去了！"

法官说，正是这样，我们对别人无中生有的批评看似无关紧要，却能摧毁一个人的声誉，甚至让人一蹶不振。

做大事的人要有口德

做大事的人不会说三道四，更不会搬弄是非。我没有想过要两个儿子做大事，但平日都会教导他们，不要随便批评他人，不论外表、能力、背景怎样，我们都不应随意批评。纵使别人长得不好看，有残缺，我们也绝对不能投以歧视的眼光，也不用表现出同情，只需以平常的态度对待即可。

父母有责任教孩子慎言，告诉他们做人要有口德。没有口德的人会不知不觉地被负面情绪捆绑，受苦的还是自己。

我们不要随便说出负面的话，奚落、讽刺、暗喻等都不可以。如果真要批评，那么应先说出理由，且针对某件事，而非在别人背后笼统地说："他真的很讨厌。"

父母是"镜子"，如果我们有慎言的习惯，有口德，孩子也会学着做。如果我们不是说别人的好话，倒不如不说，伸张正义除外。

> 批评别人，最好在别人面前，而非背后。

一个做打，一个做谏

有一种说法：孩子是很敏感的，即使只有一两岁，当知道父母持有不同的意见，便会找理由、找借口"对抗"父母。即使他们明白自己做得不对，也会争取一下。

父母没达成共识便很难教孩子

管教孩子时，如果父母做法不一致，如一个叫孩子停，另一个却持相反意见，孩子便会看准机会，"逐个击破"。

以规定睡觉或上网时间为例，如果母亲坚持执行，但父亲因为心软或不想争吵而做出让步，这样孩子便很难听话。父母最好事先达成共识，以免在孩子面前出现"双方没有沟通，规定可有可无，不一定要遵守"的情况，否则孩子便很难教了。

当太太教儿子时，我尽可能不干预，即使未达到"零干预"，但也一直在进步中。

一个做打，一个做谏

另外，父母要合作的是"一个做打，一个做谏"。有时，太太教儿子教到开始发脾气，我便尝试介入。如果只是功课问题，我就帮儿子。如果是原则性问题，如吃完饭要擦嘴，我便说出利弊，以"讲大道理"的方式来"对付"儿子的反叛。

话说回来，太太做"和事佬"的次数比我多得多。她是母亲，是女性，擅长以柔克刚，而我更多是以理服人。但大儿子已经是14岁的"小雄狮"了，他偏要反抗，为自己争取自由空间，没办法才会妥协。很多时候，我们父子在一些细微的事情上争执不下。倘若时间充裕，双方会做"长期斗争"，但如果临近睡觉，或赶着上学，我便会采取较强硬的做法。若成功还好，通常情况是我要保持父亲的尊严，儿子"宁死不屈"。这时，最好有第三者出面调解，效果往往是非常好的。

5分钟的争拗

我和太太听了一个海外学校的介绍会，回来后打算跟两个儿子说一下。大儿子说很忙，但我坚持说只需要5分钟时间。他说不行，要迟一些。太太看我有些动气，于是叫大儿子坐下听我讲，结果大儿子很快便坐下了。通过太太的协助，事情解决了。

同样，有时大儿子拖延时间，洗完澡后不想擦地板。在妈妈生气前，我会很郑重地告诉他："再不快点做，火山就要爆发啦！"儿子笑着拿起抹布，很快便搞定了。

3 毫米的争执

两个儿子由出生到现在，都是我替他们剪发。但最近，他们想要把头发留长一些，因为有同学嘲笑他们的发型。

我一直用一个可以调长度的电推剪为他们剪发，从最短3毫米至最长12毫米都可以剪。一次帮大儿子剪发，我打算帮他剪至9毫米。当准备好所有用品开始剪的时候，大儿子却说要12毫米的长度。我解释说12毫米剪得不多，剪完后看起来还是很长，而且很快又要再剪。我们在这件事情上僵持不下。最后，我只稍稍剪了他两边的头发，虽然没有责骂，但父子俩不欢而散。

我感到不舒服，预计会有那么几日，因看到他过长的头发而心中有气。岂料第二日下班回来，太太已替大儿子剪了一个很好看的发型，而长度是12毫米！我不禁大赞发型好看，摸摸他的头，吻吻他的额头，不知这算不算是"一笑泯恩仇"呢？

放下执着

很感谢太太，从这件事我悟出以下几点。

1. 我和儿子缺乏沟通。如果在剪发前和儿子讨论过，便不会出现这种局面。如果儿子坚持，我会让步，说这次可以剪12毫米，但下次要剪短一些。

2. 我放不下自尊心。我知道，这其实是自己的自尊心在作祟。我以为自己做得对，以为自己为他好，9毫米是我认为最好的长度，其实是自己一厢情愿的想法，真的要学会放松，对自己宽容，才能对他人宽容。

3. 夫妻的配合、默契，是家庭和谐的重要组成部分。很多无谓的争执、折磨人的琐碎家事，是可以避免或减少的。夫妻间多协作配合、多体谅，放下执着，可以使家庭更和谐。

不用事事做到完美

试着抽离一下，不用每次都要求孩子做到符合自己的要求。很多时候父母的要求，不是从孩子角度出发的。我们有时候要考虑孩子的想法，不用事事做到完美，对自己说："可以啦，下次再尝试，他已做得不错了！"这样人会开心些。

倘若前面剪发的事重来一次，我会这样做：

告诉儿子，我明白剪得太短，他可能会被同学笑话，但是 12 毫米真的较难掌控，剪出来可能没那么好看。

如果儿子坚持，那就这次剪 12 毫米，下次剪 9 毫米，皆大欢喜！

在教孩子时，夫妻不出现分歧，为上策；如果能互补，有以客观的第三者身份进行调停，是上上策。

当有事情要跟较大的孩子商量时，不论由谁提出，父母应先有共识，这样出来的效果一般会更好，因为孩子看到父母的态度一致，便心中有数，家庭会更和谐。

做 50 分的爸爸

自从写了《从 1 元钱开始》一书，特别是做 etnet 财经生活网的《亲子·理财》专栏之后，我收到不少咨询、鼓励及批评的信，引起我的反思，总结了教养孩子过程中的得与失。

读者朋友发觉，作为父亲的我，处处为儿子打算，是否做得太过了？甚至认为，我是否牺牲太大？

得比失更多

牺牲肯定是有的。例如两个儿子出生后，我将打高尔夫球、泡茶都放弃了。因为去内地打高尔夫球至少要一整天，泡茶也要有空闲，试问孩子走过来，你可以不理他吗？但我得到的更多，如孩子健康成长及他们带来的欢乐。

不要怕孩子，应教则教

读者又问，儿子会讨厌爸爸吗？儿子因时刻被提醒要守这样那样的规则，是否觉得自己像个机器人呢?

后者肯定不会，儿子很活泼，没有因被管得过严而出现情绪问题，也没有过激、反叛的行为。至于他们是否因为爸爸的经常"提醒"而生厌，答案肯定是有的。试问谁又喜欢被别人管着呢? 如果爸爸过分紧张，每每责骂，我想谁都不会开心的。

最重要的是沟通

尽管我不是一个讨人喜欢的爸爸，但若以 0 分（极度惹人厌，甚至被憎恨的爸爸）至 100 分（毫无投诉）来计，我有信心，我的分数不会低于 50 分。

我是严父，但我尽量和孩子沟通好。不论是阻止他们做某件事，还是适当惩罚，我都会跟他们解释原因。例如起床迟的人，便负责拉开窗帘、关风扇，这是责任。长大后参加工作，他们便知道会议完毕，最后出来的人要关灯、关空调。

只要儿子对我的教法给予 50 分，我便满足了。即使他们认为爸爸有时太严厉或太啰唆，心有不满，我也愿意接受。他们可能会讨厌我，甚至不理我，但只要沟通好，相信他们会明白爸爸的苦心。

莫装慈父、慈母

有部分父母担心责备孩子会失去他们，特别是独生子家庭，父母怕孩子长大后，责怪自己，不照顾自己，便不敢责骂孩子。

　　倘若父母畏首畏尾，很难教好孩子，而自己也不会因扮演慈父、慈母而加分。父母溺爱或者纵容孩子，会害了他们。

　　我们付出爱心和时间，应教则教，让孩子明白纠正错误，是为了他们好，多数情况下孩子也是会理解的，不用顾虑太多。

只要沟通好，相信孩子会明白父母的苦心。

不做"跌打"父母

有家长一看到孩子摔烂东西，或在路上跌倒，便很生气，即使不是每次都动手打孩子，但也会责骂孩子几分钟。

我认为，除非孩子3天不到就摔坏东西，否则不应生气。如果事实真是如此，那么家长应找出原因——孩子是否年纪太小，拿不稳东西？手指是否还未发育好？孩子粗心大意？

不要大惊小怪

如果儿子摔坏了东西，我会大声说："啊，不得了啦！"他们起初有点惊讶，但很快明白我的意思："还不快点去弄干净！"如果有玻璃碎片，我会帮忙收拾，让孩子在旁边学习。如果只是打翻水杯，便由他们自己处理。

孩子做错事，我们不要大惊小怪，不停责骂。与其责备打骂，不如教他们解决问题。太太笑说，因为爸爸也会摔破东西、打翻水杯。对呀，人谁无错？

做错事先补救

有时孩子不小心摔坏了昂贵的摆件、有纪念价值的物品，甚至绝版珍藏品，家长是很心疼的。但事情既然发生了，倒不如从容面对。倘若是值得纪念的东西，保留剩余的一角，不但可以留住回忆，孩子也会因我们没有责怪而"心存感激"，同时也会明白，应有包容心和同理心。

此外，我希望儿子做错事后，首先去补救、去解决，而不是"等候发落"，等父母的指导。否则，久而久之，他会明知做错事情，也不主动去改正，只等其他人提点，这就不好了。

我们不要做"跌打"父母，也不要做"一跌就骂"父母。父母心疼孩子摔伤了，这是人之常情。有些父母责骂完孩子后，才检查孩子的伤势，与其让孩子"伤上加伤"，不如先扶他们起来，看看伤势，抱一下。

> 我们心疼孩子是正常的，但表达爱要选对方法，顾及孩子的感受。

讲故事，胜过讲道理

父母教导孩子时，以故事辅助，会比说"都告诉你不要这么做，你怎么就不听"效果更佳。特别是进入小学高年级的孩子，他们在与同学的相处中学习了不少东西，已有些"阅历"，这增加了教他们的难度。

大儿子已进入青春期，比较敏感。每次当我准备"入题"的时候，他就说："又要开始了。"因此，我会利用书、杂志、报纸、网络等渠道教，看到有正面意义的故事，直接传给他们看，或在适当时候讲出来。

捕捉好时机

适当时候，真的要花心思找和等，并且考虑什么时候用什么故事。最好在他们功课不忙、不上网时才说，否则，他们可能会"左耳入，右耳出"，效果不好，这样倒不如不说。

这个时候最忌长篇大论，喋喋不休，这会产生反效果，破坏亲子关系，父母要点到即止，让孩子自己领悟。倘若父母当时做不到，可稍后再说，但需要持之以恒。

在不适当的时候讲道理，孩子会"关上"耳朵，假装聆听（但我们看不出来），所以如何讲道理是一门学问（我还在摸索）。

为他人着想

我记得一个故事，说的是设身处地为他人着想的方法不同，效果会很不一样。在此分享，帮人也帮己。

全村最穷的一户人家，半夜父亲带孩子去别人的地里偷菜。当要离开时，几岁大的孩子对父亲说："爸爸，有人在看着我们。"父亲吓得扔掉了手上的蔬菜，却看不到人。孩子告诉他，是月亮在看着。

父亲感到内疚，向孩子承认偷东西是不对的，最后空手离开了。倘若没有孩子的提醒，父亲会被当场逮住，因为菜园主人正准备捉他们。

当那个父亲带着孩子离开后，菜园主人想，为何我一定要捉他们呢？捉到父亲，他要是去坐牢，就是最好的惩罚吗？他为什么要偷窃呢？有没有更好的解决方法呢？

主人辗转反侧，第二天叫了那个父亲来，跟他说："你能否帮我收蔬菜？"当然，主人会付给他工钱。有了工作，贫穷的父亲不再偷菜，孩子也有了尊严，不用跟父亲做不对的事。

菜园主人做了一件双赢的事，他不用再担忧有人来偷菜，也没有采用"置人于死地"的方法，还解决了问题。

我们将这个故事告诉孩子，他们未必能立马理解，更别说做到了。但我们要让他们知道，解决问题的方法有很多种，可以不伤害人，又帮到自己，能做到得饶人处且饶人，就更好了。

父母可以多利用书、杂志、报纸、网络等渠道教。

读笑话也是亲子活动

笑话可以让我们会心一笑，启发思考。遇到好笑的笑话，我会让儿子看，有空一起读，这也是一个不错的亲子活动！

以下是一些例子。

1. 为何有些人喜欢吃双层芝士汉堡、大薯条，却喝健怡可乐？

2. 为何银行将保险库大门打开，却将圆珠笔锁在柜台上？

3. 为何阳光会把皮肤晒黑，却使头发变白？

4. 为何英文中"缩写"这个单词"abbreviated"有这么多字母？

5. 为何我们喝的柠檬汁，很多是用人造色素做的，洗手液却是用天然柠檬做的？

6. 为何挪亚不将蚊子、蟑螂拒于方舟之外？

7. 为何在为死囚注射毒液时，要先将针消毒？

8. 飞机的黑箱既然不易损坏，为何整架飞机不使用相应的原料？

9. 为何帮我们投资理财的人叫"broker"？（本不应引用，因为我也是从事该行业的人，哈哈！）

入学护航员

自己或亲友的子女总会入学，踏入新的学习历程。不论是幼儿园、小学，家长都希望学校不要离家太远，否则对一个只有 3 岁或 6 岁的孩子来说，每日来回一个多小时，还不包括等车的时间，真的不容易。记得我的儿子入读的幼儿园，位于隔壁大厦，我们真的是在最后一分钟才下楼。

孩子跟工人姐姐上学

即使有工人姐姐[①]带孩子上学，父母也不能完全依赖她们，因为照顾子女是自己的责任，不能完全依靠别人。

路上安全事项，上下课的规矩，家长要跟工人姐姐说好，再与孩子说清楚。这样做家长起码可以知道，带着孩子上学的工人姐姐是否选择合适和安全的路，孩子是否在途中吵闹，要买东西、玩具等。

---

① 工人姐姐：香港对接送孩子的工作人员的称呼。

尽早训练孩子的自理能力

我想与大家分享刚入学的孩子可能会遇到的一些问题，以及我们可以采取哪些预防方法，使短暂的困难、混乱不致变成长久的噩梦，使家长与孩子能轻松面对入学带来的转变。

孩子刚入学，除了要适应新环境，也要学习与同学和老师相处。由于年纪还小，他们可能会忘记做功课，忘记带作业、运动衣，甚至没有将通知单交给家长，导致第二天到校后发现空无一人，原来当天是假期或者有秋游活动！

家长不用太担心，孩子会随着年纪的增长，弥补自己的不足。但我们也不能放任，以为所有事情一定会自动变好。孩子一开始缺乏自理能力，如果父母不适当引导，可能影响孩子日后的自我管理。所以我们应趁孩子还小时，尽早帮助他们形成良好的自我管理方法，这对他们的一生都有帮助。越早训练孩子的自理能力，效果越好。

如何帮助新入学的孩子

寻求意见，不怕麻烦

我们可以与朋友、家长，或家长团交流，也可以翻看讨论区的文章，以借鉴前人的经验，做好心理准备。更重要的是，父母不要怕不好意思，不敢与老师沟通，应积极和老师商量，如何解决孩子刚入学的种种问题。老师都受过专业训练，他们见识过新生的不同情况，经验丰富，可以给家长一些指导。老师是愿意提供帮助的，家长不用怕麻烦。

"分段式"解决功课压力

功课难，是刚入学的孩子遇到的最大问题，也是家长与时间的竞赛（完成功课已是深夜）。我们可以采用"分段式"方法，鼓励孩子先做一小部分，完成后稍微休息，或者给他们一些鼓励，例如吃喜欢的点心、玩一会儿玩具。倘若功课做到11点仍未做完，应该让他们先睡觉，明早再做。

但如果日日这样，就要与老师商量，看看有什么改善的方法。请记住，孩子是自己的，我们最清楚他们的能力，倘若学校布置的功课过量或过深，应主动提出，与老师沟通。

制作工作表，避免通宵赶功课

高年级的孩子，已有能力写日志，记每日、每周的学习课程，特别是需要搜集资料，做每个月的研究功课。父母要留意，尽早提醒孩子准备，不要等到最后一日，才通宵赶功课。早些开始做和分段做是很重要的，也能帮助他们应对高年级的繁重功课。

我们应指导稍大的孩子（小学二三年级）制作简单的学习表，确定哪些事情要做和完成的日期。开始时，我们可以教孩子做一个简单的学习程序表，起初不要多于两样事情，待他们适应后，才进行增加。

家长要紧盯他们的进度，提醒他们哪些功课还未完成，要肯定孩子完成的每一项功课。要做的事，一定要做（即使做得不够好），这样孩子才能养成负责任的态度，今后也会积极面对困难。

安排好作息时间

父母要安排好孩子的作息时间。孩子上床前，父母要提醒他们收拾好明天要带的书本和衣服。我们在儿子低年级时就开始这样做，要他们在上床前收拾好明天上学用的东西，把袜子放在鞋子里。

早 5 分钟起床，让孩子以一个轻松的心情去上学，总好过因为贪睡，迟一刻起床，"开水烫脚"——父母、工人姐姐大呼小叫，催孩子吃早餐、换衣服，出电梯后，又以百米冲刺的速度直奔候车处。为了贪睡一会儿，着急忙慌，很容易漏带东西，也让孩子很紧张。日积月累，孩子长大后面对工作压力，很难没有情绪病。

首先，孩子要学会安排好日常生活的作息时间，不浪费时间在看电视、玩游戏上。这样，孩子便不会整天说"好辛苦，好忙，好赶！"，因为他的时间花在了非必要的娱乐上。

保持整洁

我们应帮助孩子养成爱整洁的习惯，清除杂物。由小清除至大扫除，让孩子逐渐养成习惯。例如，父母每天让孩子收拾书包，除了不带多余的书本、物品，减少身体负担外（我们孩子一开始便自己背书包），也可以减少孩子忘记拿出作业或通知单的可能。每周或每月甚至每学期结束时，父母和孩子可以做一次大扫除，有用的东西收起来，没用的可以扔掉。在小学三四年级时，父母可以教他们如何系统地存放物品及自己的书本。

鼓励和奖赏少不了

任何人都喜欢受到鼓励或奖赏，孩子更是如此，但父母不要以金钱鼓励。如果他们在学习上达到目标，父母可以给他们一些奖励，例如多玩一会儿游戏，或者周末迟 30 分钟上床、去朋友家玩等。

惊喜奖励效果更好

小有小奖，大有大奖。如果他们能够提前完成学校的大计划、大功课，或准时上床睡觉，兄弟姐妹间吵闹次数减少，对长辈有礼貌等，那么父母在能力范围内，可以买一件他们喜欢的东西。不一定是之前商量好的，惊喜奖励有时更有鼓励性，效果更长久。

惊喜奖励，也可以是为孩子做一件事情。父母要找出孩子最想要的东西或最想做的事，这是不容易的，家长要花时间观察和了解。

鼓励很需要

刚入学的孩子需要家长的帮助及鼓励。孩子入学开始不顺利，并不代表以后也是。父母要多跟孩子沟通，对待孩子要有耐心。

父母牺牲一些个人娱乐时间，和孩子共同面对问题并寻求解决方法，能让孩子和自己都受益。

我们付出精力、时间，与孩子的成绩、发展未必成正比，但有付出，我们将来便不会后悔，不会责怪自己当初不尽父母的本分。

功课辅导员

孩子的功课太多，会把他们逼得太紧，不少家长为此非常烦恼。

老师给学生布置功课，是为了巩固在课堂上学到的知识，打好基础，为将来升班做准备。但如果孩子每晚功课做到 12 点都做不完，那么作为家长，真的要找找原因。

1. 是否有合适的工具帮助完成功课？例如计算机、字典、笔、纸等。

2. 环境是否对孩子有影响？做功课需要安静的环境，要有足够的灯光，父母要考虑电视、电话、游戏、兄弟姐妹的吵闹是否构成影响。

3. 是否有足够的支持？孩子有问题时，家里是否有人能够给予辅导及帮助？

4. 父母或工人姐姐的态度有没有影响孩子？如果遇到小问题，父母不鼓励，很容易打击孩子的信心。

父母在辅导孩子做功课时，可以参考如下内容。

1. 减少课外活动。如果孩子一星期要参加 10 个课外活动，那么父母有必要重新梳理，减少一部分，毕竟应把学校功课放在首位。

2. 编排日程。有些孩子需要父母帮助制作学习时间表，并且随时调整。例如孩子一星期后要交的计划，父母提前让孩子分段做，不要等到最后一天才赶工。

3. 对年幼的子女多观察。例如，父母要检查孩子是否做完功课。

4. 最重要的一点是，千万不要帮孩子做功课。这样做，孩子除了学不到知识，还会养成依赖的习惯，对孩子绝对是有害无益的。

逼得太紧易"脱蹄"

如果孩子真的应对不了功课，父母应及时与老师沟通。毕竟孩子在读书、做功课之外，应有适当的时间去玩，否则长大后只记得读书的艰苦，没有童年的乐趣。孩子在升入中学后，便可能"脱蹄"，因为被逼得太紧了。

记忆训练员

在一个亲子理财研讨会上，有一个家长抱怨：儿子就读小学三年级，经常忘带作业本、笔记等回校。为此，她非常生气，有时忍得住，有时也会开口责骂。孩子感到委屈，每次都以大哭收场，而她事后也很内疚、后悔，但于事无补。孩子平常出门会说"再见，我爱你"，也因为闹得不愉快而不说了，母子两个人都不开心。

找出孩子善忘的原因

我不是儿童问题专家，但可以分享自己育儿的心得。既然事情已经发生了，不能改变，但是用什么方法或态度解决是由我们决定的。

若家长用强硬、不留情面、以自我为中心的态度处理，只一味说孩子不对，换来的不是解决问题，而是孩子的不服气。

若孩子为了逃避交作业，以忘记带作业本回校为借口，我们则要找出孩子不做作业的原因，与老师或其他家长交流。

孩子可能是一个完美主义者，想把作业做到最好，虽然在外人眼中已达 90 分，但他打算再改改。若孩子真的记性稍差，就需要慢慢训练。

了解孩子的强项、弱项

有些事是急不来的。作为家长，总希望自己的孩子名列前茅，能代表班级，最好代表全年级或全校演说，多才多艺，独立能干，但实际上，每个孩子都有优点（强项）和缺点（弱项）。

例如怕陌生人的孩子，可能较敏感，外出时喜欢躲在父母、工人姐姐的后面，我们不用为此觉得丢脸，而应多包容、有耐心和多鼓励，多安排机会，让孩子接触新环境、新朋友，相信情况总会改善。

同时，我们也应从好的方面想，较敏感的孩子，一般观察力较强，富有同理心，对艺术有较强的兴趣。

> 孩子做错了事，已经无法改变，但是用什么方法或态度解决，是由我们决定的。

宽松放任型父母

我和一名客户吃饭，他是一家公司的高层，除了谈公事，我们也谈了家庭生活。他的儿子 17 岁，在加拿大读书。他说现在很难和儿子沟通，发邮件不回复，打电话也聊不到 20 秒（不足半分钟，他强调），唯一了解儿子概况的渠道，是他的表弟。该客户说，还有一个机会可以和儿子联系，便是儿子要用钱时，他会主动联系，让他们汇钱。各位别当以上是一个笑话，"针扎到肉才知疼"，类似事情若发生在自己身上，真是有苦自己知了。

我的两个儿子还未上高中，但早些了解别人子女的成长情况，的确可以汲取经验。那位客户还说，如果时间可以倒流，他会改变教育孩子的方法。

不要"散养"

"散养"，是指孩子出生至成长阶段，父母采取比较宽松的教育方法。例如，孩子有能力收拾玩具或饭桌，会将要更换的衣物放至适当地方，父母也采取"由他去，等他大了就会做"的态度。慢慢地，孩子养成了什么都无所谓的陋习，将来大了，陋习就变成了恶果。

就像客户那个17岁的儿子，曾在一年内，数次让父母买内裤和袜子寄过去。父母觉得奇怪，哪有一年要穿几十条内裤和几十双袜子的？结果有一天，母亲去加拿大看他，在房子角落里发现一大袋柔软物体，打开一看，里面不是吓人的东西，而是内裤和袜子！看似笑话，父母都应警惕，要从孩子小时候教起，千万不要说"孩子还小，迟点教"这样的话。倘若我们不尽早回头，等自己的孩子出现以上情况，便不是头痛这么简单了。

幼时要定好规矩

当然，有读者会认为，以上的例子有点儿以偏概全，但是一个不懂自理的孩子，他会有责任感吗？

最后，那位客户说，如果时间可以倒流，他和太太一定会对儿子多加管教，让孩子养成良好的习惯，不能只会读书，也要学会管理自己。

我认为教孩子应随年龄而变。孩子幼时，父母定规矩；11至13岁，父母讲道理，他们听后沟通；15至17岁，父母鼓励孩子自己做决定，承担后果及负责任。

好习惯应从小培养，再积极一点，好习惯应从出生那一刻起培养，由于环境的影响，现在的宝宝的成长与我们那个年代的真的不同。

进退有据，给孩子空间

做父母，特别是样样都紧盯着的父母，教孩子时，只会多教，不会少教。例如看孩子做得不对，父母会重复教，指出错处，或者强迫孩子学一样东西，让孩子一定要拿第一，不管孩子的喜好。

不做啰唆的父母

在一次讲座中，张灼祥先生说，根据他的经验，家长为子女做的事，只会多，不会不够。做父母的要反思，是否应该减少给孩子物质供应。

孩子是明白我们的信息的，倘若我们啰唆，总是重复，孩子会觉得烦，本来觉得有道理，也会反抗。孩子有胆量反驳还好，起码有沟通和反馈。相反，若孩子默默承受，久而久之，轻则反叛，重则可能心理不健康、精神出问题！

父母给孩子空间，也是给自己空间，教孩子要先思考，进退要有据，适可而止，不要每次都硬着来，而是要促进亲子关系和谐。

要进退有据

以穿衣作为例子。气温转凉，约 10 度，我早上叫儿子多穿衣衫，太太有时会说很多遍："多穿衣，否则会着凉。"儿子本来打算多穿一件衣服，也变得不情愿，折腾半小时。父母需要停止啰唆，多计划、多做事前准备。

我与太太说，孩子不愿多穿衣服，可能有多个原因。

1. 同辈效应。其他同学只穿两件，孩子不会穿三件，免得显得自己格格不入。

2. 孩子本就不怕冷。十三四岁的孩子正是活力十足之时，不像我们。

父母如果要让孩子多穿衣，不妨试试以下方法。

1. 早一天与他商量，天气预报还算准确，不用等到上学前才催促。

2. 不一定要他服从，如果他不听，就顺从他，下次再来。

3. 告诉他如果着凉，后果自负。

4. 如果真的着凉，就是与他讲道理的最佳时机，软（关心）硬（要他听大人的话）兼施，效果更好，他下次会愿意听话。

沟通要有准备和策略

父母和八九岁的孩子沟通，要有准备和策略，要他做不情愿做的事情或他喜欢的事，都要懂得"收手"。

有时早上叫儿子起床，我偶尔会唱出来。

"My Son，今天你如何，是否睡得好呢？ My Son，你背上痒（见到他抓痕）吗，我帮你抓啊。

My Son，今日天气真好呀，起床啰。

My Son，起床上街吃粥……"

如果我再说两三次"起床"，儿子会觉得不耐烦，我便会"收手"，跟他说，5分钟后起床，一般他会起来的。

如果我不停命令他起床，只会让他觉得烦。

聆听最重要

亲子沟通，可能比谈判更费时，因为孩子从出生至独立生活或外出读书，时间很长。父母都爱孩子，希望把最好的东西给他们。但是，如果方法不对，或缺乏沟通（表面上在听，但是否真的听了呢），那么父母就是付出了百分之百的爱，起到的也是反效果。比如，有些孩子日后会反驳道："我无话可说，都是你逼我的！"

> 如果方法不对，纵使父母付出百分之百的爱，起到的也是反效果。

如果重新做父母

我们常有"早知如此，何必当初"的悔意。很多事情不能回头，亲子关系也如此。

新加坡的一位好友传来一篇有关教养孩子的文章，我觉得很有意思，译成中文，与大家分享。

如果孩子尊重父母，那么我们做到了生命中最成功的一件事。

如果让我有机会重新教导孩子，

我会先让他建立自尊，而非看重物质。

我会多参与，而非只顾孩子感受，让他一意孤行。

我会减少指责，增加沟通。

我会减少琐事，多用心关注孩子。

我会减少啰唆、质问，多关怀孩子。

我会多参加亲子活动，多陪他们骑自行车、放风筝。

我与孩子玩时，会尽情投入，不说教。

我会多拥抱人而非责备。

我会减少严格的要求，多肯定和认同。

不要为孩子安排安逸的生活，否则会让他们失去自理能力和适应能力。

不要想着一个完美的孩子，而应该在亲子关系上多下功夫。

给孩子指示容易，放手让他们去做才最难。

养儿方知父母恩。

很多事情不能回头，
亲子关系也如此。

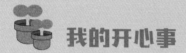

我的开心事

◆ 近期，我经常和大儿子下中国象棋和国际象棋，胜负参半。中国象棋我稍胜，国际象棋则相反。每次，我都异常认真，下到手心出汗，赢了便很有满足感。最欣赏的一点是，儿子即使输了，也不会发怒或觉得委屈，反而是我，常会不服气。看来我要向他学习，输了就要心服口服。开心的是，下棋有额外收益——可以增进父子感情。

◆ 一天晚上，小儿子关了灯，爬上床，哥哥却说玩"猜丁壳"的游戏。我很好奇，怎样在不是面对面的时候玩这个游戏？这时，我听到哥哥说："开始，一、二、三！"两兄弟分别大喊："剪！""包！"哥哥笑说："你输了！"下一轮也是这样玩，各有输赢。玩到倦了，他们开始聊天。我才知道，"猜丁壳"还可以这样玩，真让人感到新鲜。开心的是，安排他们睡在一个房间，可以达到促进沟通和培养感情的目的。

◆ 有次周末早上叫儿子起床，我没用连续喊叫的方法，换成用鼻子闻他们的脖子，使他们痒到起来，结果不到一分钟，两个儿子便开心地起床，速度比平常快，大家都很开心。另外，我发觉小儿子还有儿童的香味，但大儿子就没有了，做父母真的要好好珍惜孩子的成长过程，否则会错失很多美好时光。

◆ 我们家住在山附近，不时能看到麻鹰翱翔，近时能伸手触及，它们体长60至70厘米，像一只没有上色的风筝，盘旋地飞，姿态优美。楼上空置了一段时间，有一对麻鹰在花槽间筑巢。它们的繁殖期为1月至4月，纵使会有树枝、胶纸及一些垃圾从鸟巢掉到窗台，但我们想到有新生命诞生，就觉得无所谓。而且，每天早上能听到它们的长啸低鸣，好像夫妻间、父子间的谈话，真是一大乐事。我慢慢走近窗口，有3只麻鹰飞过来，像要保护鸟巢，看起来像鹰爸、鹰妈和鹰爷爷。我们一家会留意，倘若楼上开始装修，我们会确保鸟巢的安全，谢谢太太帮忙拍照。

◆ 过了吃饭时间，家里没人做饭，只能点外卖。我很兴奋，希望早些买到家人喜欢的食物，尽快吃到。

◆ 在商场，我看到一位母亲带着两个女儿——姐姐约6岁，妹妹约4岁，姐妹俩手拉手，有说有笑，我看着也觉得很开心。当姐姐弯下腰绑鞋带时，妹妹也学样，真的很可爱。希望所有兄弟姐妹能像她们一样，相亲相爱。

◆ 小儿子练习游泳后，我们常去暖水池玩，互扔海洋球，玩得很开心。池内有小至2岁的宝宝学习游泳，也有80岁高龄的林老先生夫妇做运动，这里充满活力。

◆ 我们一家去听由西崎崇子小姐与香港城市室乐团合办的音乐会。我们的位置不错，开心的是，在会场遇到好朋友。小提的悠扬乐音，带动人的情绪，令人陶醉。演奏时，西崎崇子好像一个娃娃，时而摆动，时而坐上马，站直时又好像长高了一些，非常好看！最后一曲是《皇后大道东》，悠扬的曲子在已有50年历史的香港大会堂音乐厅内回荡，为当晚表演画上完美的句号。

◆ 我们去香港电影资料馆看了两部黄飞鸿电影，其中一部是《黄飞鸿威震五羊城》，电影中关德兴和石坚的对打招式让人看得很过瘾。黄飞鸿正气凛然的神态和洪亮的声音，给人以侠义之感。贯穿整部电影的孝义主题，不论对成人还是孩子，都有教育意义！之后，我们又看了更多有关黄飞鸿的资料，度过了一个开心的下午。

◆ 叫小儿子起床时，我唤他"小旧"。他觉得奇怪，我平时不会这样叫他，这也不是他的乳名。他很快睁开眼问我为什么这样叫。我说："Give me hand."（把手给我。）他很快便明白了。因为我师傅有一只狗，叫"大旧"。我们大笑起来，他也很快起床。看来这是一个不错的叫孩子起床的办法。

◆ 近期,两只鹰不停在窗外盘旋,我突发奇想,对家人说:"可能它们是兄弟,为退休的父母在城市筑了一个巢,所以经常回来探望父母,真是孝顺。"两个儿子听了,觉得我"大话西游",但大家还是笑了。

◆ 晚会的聚会,我提前走了,要去听"枫修80巨星演唱会"。3个多小时的演唱会,让我看到80岁的乐观修哥,充满活力,头脑灵活,受到明星、义子、义女的爱戴,儿孙满堂,这真是充满真情的一晚。度过这样一个轻松愉快、充满正能量的晚上,真是值得高兴和感恩的事,期待"枫修90演唱会"!

◆ 我和儿子游泳后,吃过午饭,与他一起去练起跑,因为他被学校选中参加校际田径赛。练了45分钟,虽然小腿酸软,好像不属于自己的似的,但是我觉得很值得,想起来就开心。

◆ 早前,我和数位师兄及家人一行10人去台湾,为老校长神父庆祝85岁生日。在三日两夜的行程中,我们陪神父逛街、吃饭、看景点、喝咖啡。大家谈起读书时的顽皮事,神父不停说很开心。我们也享受与神父相处的时光,同时也答应每年替神父庆祝生日!

◆ 一个星期天的早上，我与在澳大利亚的哥哥通电话。儿子也与堂哥、堂姐轻松闲聊，我们听到，也觉得开心。

◆ 我与认识多年的按摩师聊天，她说女儿和儿子都参加工作了，赚的钱虽然不多，但每人每月给她两千元。此外，女儿也带她去购物等。她一边说一边笑，很满足的样子。我真替她高兴。虽然我背对着她，但能感受得到子女孝顺带给父母的喜悦。

◆ 一个周日晚上，我们一家人坐电车闲逛，途经铜锣湾的一座天桥，看到一个父亲与八九岁的女儿玩"猜丁壳"。那个短暂但温馨的画面，一直留在我的脑海里。

◆ 晚上和儿子讲我小时候的故事，他们都很留心听，不停追问，我非常高兴。

◆ 我们去看话剧《金池塘》（Golden Pond），它是根据百老汇舞台剧改编的，由钟景辉及李司棋主演。钟先生不愧为艺术泰斗，加上演技炉火纯青的司棋姐，两个半小时的演出无半分钟冷场，观众无不沉醉于话剧中——夫妻恩怨、父母情仇，值得一看再看。

◆ 某晚，我和两个儿子睡在大床上，谈天说地，我没有说教，虽然只有10多分钟，但很开心。

◆ 两星期去了两次大尾督的"环保农庄餐厅"，老板娘也认识我们了。有一群大学生进来，问什么东西好吃，老板蒲先生指着我说："问一下那位阿叔吧，他来过几次了。"哈哈，被人称作"阿叔"，又要回答问题，看来我要拿折扣了！

◆ 儿子喜欢打篮球，但我认为他可以更主动和投入一点。一天打完回家，我问他："你今天是什么机？（'机'与他的名字'基'同音），是闪电转波机（不常控球）、隐形战机（没人传球给他），还是定翼机（站着不动）？"我们相视大笑！

◆ 吃过晚饭后，我与太太出门散步，清风送爽，我们轻松交谈，散步果然是一个对身心有益的活动。

◆ 我问儿子想不想爸爸去看他们打篮球。他说不想，因为听我说今日很累，所以想让我休息，我听到后真的非常感动，但我还是去看了。

◆ 我在街上碰到一个认识的出租车司机，他说现在已经75岁了，所以每星期只工作两天，很少有机会载到我。我说没关系，叫他保重身体，多享受天伦之乐。

◆ 我在早上六点一刻出门公干，碰见邻居李先生带着孩子上学，感觉温馨又甜蜜。

◆ 儿子在练习太极拳，我去接他回家，与他在西铁上谈家庭往事。我握着他的手，他的手已经比我的大了，但我们握得很自然。我很开心，有一小时的父子相处时间。

◆ 大儿子打球弄伤脚，肿得像猪蹄，幸好师傅帮他医治，只数天便好了大半，感恩。

◆ 在酒楼聚餐，由于人多，分作两拨，年轻的在一桌，他们平时很少有机会交流，但看到他们在那两三个小时里玩得尽兴，真的很开心，比吃到珍馐美味还开心。

◆ 参加侄儿毕业典礼，20多年前我也是在同一所大学毕业的，好开心。

◆ 在家与儿子玩"踢拖鞋"游戏，直到差点踢破东西才停止，非常好玩。

◆ 吃饭后，我们一起看旧相片，发现儿子都长大很多，想起小时候的"淘气"，再看现在的"傲气"，真的各有味道，哈哈。

04
感恩的心

———

有一个《帮妈妈洗手》的故事。

一位学有所成的年轻人去一家大公司应聘管理层的职位。"过五关，斩六将"后，公司总裁亲自面试。总裁看过他的简历后问："你的成绩相当好，有拿过奖学金吗？"

年轻人回答："没有。父亲在我一岁时便去世了，是我母亲打工为我付学费。"

总裁问："你母亲是做什么工作的？"

年轻人说："她替人洗衣服和做清洁。"

总裁要求看看年轻人的双手，只见他的手很滑，皮肤很嫩。

总裁于是问："你有帮过母亲洗衣服吗？"

年轻人答："没有，母亲从来不用我帮，她只要我读好书即可。"

总裁让年轻人明天再来，但要求年轻人帮母亲洗手。

年轻人满怀希望，回家后开心地替母亲洗手。当他捧起母亲的双手，看到手上有很多皱纹，还有很多小裂口和伤疤，摸起来很粗糙，他心里像被针刺了一下。当他用水洗一下，母亲的手就会缩一下，但母亲没有说话。

年轻人的泪水不停地流下来。

这是他第一次看清母亲的双手。母亲靠一双手，清洗了无数的衣物，来供他上学。这双手，使他能够专心读书，考取好成绩，追求美好的前途。

替母亲洗完手，年轻人主动帮母亲清洗余下的衣物。

那晚，他和母亲促膝长谈。

第二日，年轻人又去公司。总裁察觉到年轻人眼眶发红，问他昨天做了什么，学到了什么。

年轻人说："我帮助母亲洗衣服，才发觉任何工作都不容易。我感恩，没有母亲的奉献，便成就不了今日的我。我要珍惜家人及与他们相处的机会。"

总裁告诉他，公司管理层需要一个具备以下条件的人才。

1. 懂得欣赏别人的贡献。

2. 了解同事（特别是下属）的付出。

3. 不会把金钱视为人生的唯一目标。

最后，总裁聘用了这位年轻人。

《帮妈妈洗手》的故事告诉我们：如果孩子从小受到过度保护，什么事都有求必应，纵使只是两三岁的孩子，也会养成"依赖"的心态和习惯，每样事都以自我为中心，自以为是，不明白父母的付出。

孝顺要教吗

孩子不懂感恩，原因往往在父母，因为他们从不提醒和教导。

太受保护会变得以自我为中心

过分受保护的孩子，可能成绩很好，事业开始也不错，但有可能找不到满足感及成就感，因为他们只经历过顺境，从没遇过挫折，当遇到小问题，便抱怨，充满怨气。

过分受父母保护，孩子会变成赚钱机器，忽略感恩，变得以自我为中心。

我们真的爱他们吗？还是害了他们？

从小提醒和教导

身边朋友的孩子不会乘坐公共交通工具，对保姆和母亲常喝斥，表现出不尊重。因为他们的父母跟孩子说："你读好书便可以，其他都不用管！"如果父亲有一定成就，有威严，那还好，或许还能受到一点尊重。但日后孩子飞黄腾达，可能连老父亲都不尊重。因为他从小便被教导，赚钱和找一份好工作最重要，其他事以后再学也不迟。

但是否长大后，孩子便会自动尊重长辈、孝顺父母呢？

我们应尽早告诉孩子，不论父母现在有钱没钱，健康与否，都会慢慢变老，不能永远照顾他们。养育子女是父母的责任，不应抱怨，但孩子也应知道父母的付出，懂得感恩。这是最基本的教导。以自我为中心不可要，否则孩子又怎样去教他的下一代呢？

跪地奉茶

我要求两个儿子，每逢过年、母亲生日及他们自己的生日，都要跪地奉茶，感谢母亲生育及教育。我希望能培育他们体贴母亲的心。不知不觉，这习惯已持续了 10 多年。

尽管如此，还是有一件事令我耿耿于怀。早前，儿子在哥哥家住了一段时间，以便跟堂兄学习英文。后来嫂子告诉我，儿子不会削水果皮。

当头棒喝！我们教他们洗碗、扫地、擦地，每次吃完饭也要将自己的碗筷拿到厨房，可我们还是漏做了，要尽快补救！

> 孩子也应知道父母的付出，懂得感恩。

"读好书"便算尽了责任吗

努力读书是孩子的责任，但父母一定要让孩子知道，读书固然重要，但不代表一切，更不要以为"读好书"，父母就一定要满足他们的所有要求。努力读书是为自己的美好将来做准备，而不是为了家长的奖励。

除了努力读书，孩子还有很多事情要兼顾，例如做家务、参加家庭活动、关心别人、献爱心。

学会为家人付出

作为家庭一分子，除了要为自己负责任外，也要为其他家庭成员负责任。父母要让孩子学会为家人付出，学着关心和体谅别人。

有家庭活动时，孩子要尽量参与，让他们明白，团队精神的重要性，否则孩子只会变得自私自利。

大家别以为西方国家的父母对孩子的管教都特别好。我曾到一位澳大利亚朋友家做客，他们的孩子约 16 岁，我行我素，吃饭时只顾自己，吃饱便回房间继续玩游戏，完全没有家庭责任感。

父母要让子女学会关心别人，有家庭观念，也要让他们多表达自己的意见，与父母有良好而坦诚的沟通。当孩子做错时，父母应骂则骂，孩子会害怕被骂而不敢再犯错。

有一次，发现大儿子想用手摸热水瓶，我立即喝止，这不仅使大儿子不敢用手摸热水瓶，也使小儿子不敢犯同样的错，有"以儆效尤"的作用。

作为家庭一分子，要学会为家人付出，学习关心和体谅别人。

分工合作

　　孩子渐渐长大，家长可以让他们分担一些家务，开始的时候，可以是在开饭前擦桌子、摆放碗筷等简单的家务。

　　家长可以先跟孩子解释，做家务可以减轻父母的负担，而且作为家庭一分子，有责任负责部分家务。

　　家长也可以告诉孩子，自己做了哪些家务，让他们明白父母为家庭的付出，这样，孩子会知道，自己也应尽本分，帮助家人，一家人应分工合作。

亲子时间

感谢老人帮忙带孩子

在大家庭里，如何与配偶的家人相处？在教尚幼的孩子时，与其他人的意见有分歧，怎么办？相信不少年轻父母都面临着这些问题。

爷爷奶奶或外公外婆帮忙带孩子，有利有弊。家有一老，如有一宝，特别是上一辈有带孩子的经验，小孩子有头疼脑热时，往往能给予有用的意见，减少年轻父母过度或无谓的忧虑。而且有长辈看管孩子，两口子可偶尔外出吃饭，重拾二人世界。

祖父母永远当孙子是宝宝

弊端方面，长辈与我们的价值观及习惯不同，例如他们习惯节俭，而我们喜欢添置宝宝用品。更普遍的是，爷爷奶奶永远当孙子是宝宝，即使孙子长大了，仍然嘘寒问暖。他们让孙子不用动手，只需张开口，饭便送到嘴边；孙子还没起床，漱口水已准备好。我们往往看不过眼，怪他们把孩子宠坏，争执由此而起。

话说回来，我现在教孩子学着独立、负责任，但将来做爷爷时，也可能会"就下"（迁就一下）孙子，说"小孩子，晚点再教"这种话。

父亲与祖父大不同

为什么在教育孩子方面不能全家统一观念呢？

因为做父亲与做祖父的责任及方式不同。做父母时，已操劳了20多年，孩子长大后能够独立，已很感恩。倘若帮忙带孩子，很可能会用温和的方法。因为教孙子是很辛苦的事，吃力不讨好，但和他们玩，顺他们意，换来的不是大吵大闹，而是"我爱爷爷"的回应，试问有多少祖父会选择吃力不讨好的严厉教导方法呢？

在此奉劝各位一句，当和长辈因教育孩子出现分歧时，如果与父母住，当调停人、"和事佬"的，最好是丈夫（反之亦然）。作为丈夫，积极进行沟通，是责无旁贷的。丈夫要有男人气概，坚定立场。在这种情况下，难道要妻子在教导孩子的同时，花更多精力去应对爷爷、奶奶吗？

必须要感激

如果家中有老人帮忙带孩子，感激是必需的，因为父母是没有责任帮我们带孩子、教育孩子的，加上他们年纪渐大，体力也很难跟上。

有朋友让婆婆一日带孩子出入4次——上学及参加补习班，同时又抱怨她不懂照顾孩子，乱买零食，宠爱孩子而使孩子很难教。

我们真的要好好思考一下，不但要父母帮助照顾孩子，还要他们跟随自己的一套教法，这种不懂感恩，只求达到自己利益的自私心态，是否应该改一下呢？我们不能将父母当作用人，因为父母养大了我们。

如果家中有老人帮忙带孩子，感激是必需的！

珍惜与孩子相处的时光

不论是孩子、长辈、朋友，我们都要珍惜与他们相处的时间和机会。特别是对年纪大的长辈，我们更应把握当下，不要以忙、心情差、有其他事情为借口。

有时，错过了便是永远错过，追悔莫及。

以下这些话，我们是不是经常挂在嘴边呢？

1. 等一会，你看不到我很忙吗？

2. 我很疲倦，等一会再陪你，好吗？

3. 我有约会，没空陪你。

有时因为工作或其他原因，我们会大声说"不"。

有一天，我偷得半日闲，与小儿子乘火车"游车河"。我们不是去探访，也没有其他目的，纯粹是因为儿子喜欢坐火车。我们一起看窗外景色，还观察车厢内的装饰和车站的设施。

朋友问我："你不闷吗？这么无聊的事也做？"

我笑说："如果我能看到儿子满足的笑容，在轻松的环境下能与他谈天说地，增进感情，何乐而不为？"

合理要求应满足

虽然我可以用疲倦想休息作为理由拒绝他，但这不是我想做的事情。儿子提出的不是无理或过分的要求，而是一个简单合理的要求，作为父亲又怎能拒绝呢？

当然，我开始也担心，怕在车内坐两三个小时，可能要睡着，但实际情况大不同。

我们花了5个多小时，乘港铁、公交车和轻铁。在接近3个小时的轻铁旅程里，我记得青山警署在哪里（因为经过了两三次），屯门河有多宽，河两旁有很多人在骑自行车，还有一个修车厂。轻铁车厢有新、中、旧之分，从车尾望去，感觉车速很快。

趣乘轻铁

乘轻铁可以到达很多景点，例如湿地公园、屏山聚星楼。用整个下午"游车河"，非但不闷，还有意想不到的收获。我们发现轻铁的广播里不是普通话，而是广东话和英语。但等外籍乘客寥寥可数时，普通话又常常听到！

有朋友在天水围住了六七年，她说我们一天乘轻铁的时间，比她过去加起来的还长呢！

找出孩子的真正需要

儿子需要的"爱"，可能是陪伴。他享受坐火车的同时，也希望和父母在一起。父母不要每次都将自己的喜好强加于孩子身上，自以为那是对他们最好的。我们需要找出孩子真正需要什么，例如物质上的需要、相处的时间，或者一个赞赏。这不容易，需要花时间去观察和了解。

珍惜与孩子相处的时间

也有人问，用数小时陪孩子"游车河"，是否在讨好他？

我认为要珍惜与孩子相处的时间。儿子小时候，放学我会去接他，现在他长大了，能够自己回家，不需要我去接了。孩子一日一日长大，不论外形、爱好都会改变。他提出一些简单而又在我们能力范围内的要求，我们为何不做呢？

孩子开心，我们也开心，他们会感受得到我们的关怀和爱意，长大后也会记得父母带他去公园玩、去海滩堆沙子、去展览馆……他们会记得与父母在一起的开心时刻。

言出必行

父母应做好榜样，言出必行。没有把握做到，或不打算做的事，父母不要随意答应，你以为孩子会忘记，便敷衍他们，事实上孩子不会那么健忘，他们比成人记得更牢，心思更细。

倘若父母要推迟满足孩子的合理要求，记得稍后一定要做，让孩子知道父母不是随口答应，而是言出必行的。承诺之后便完全忘记，这是非常不好的做法，除了令孩子失望，也会让他们记住父母是不守信用的，更可能有样学样，长大后或许会随便做出承诺。

珍惜分享时光

与两个儿子相处，我常有不同的感受。例如，一起讨论严肃的问题、时事，儿子讲得头头是道，我很有触动，会感到"我的儿子又长大了"，有自己的看法了。又如与儿子一起看街景、观察周围的人物、看窗外飞翔的鹰、看天上的明月，不论是看自然景色，还是观察城市生活，那种分享的喜悦是很难形容的。

记得李焯芬教授说，分享是一种心灵的沟通。孩子叫我们一起做事，是希望与我们分享美好的东西与时光。如果我们不去把握，不满足他们，除了没有那开心的时刻，也不会得到分享的幸福。

> 我们要找出孩子真正需要什么，不要把自己的喜好强加到他们身上。

境随心转，我们可以左右事情的结果

我最近看了史蒂芬·柯维（Stephen Covey）的"90/10 理论"，这个理论有点儿像"境随心转"的意思。

"90/10 理论"的核心是指生命中的构成，有一成是发生在我们身边的事情，是不受我们控制的，例如你不能控制红绿灯，而另外九成是可以由我们控制的，如遇到红灯时，我们可以控制自己的反应。

柯维认为，一件事情以同样形式开始，结果却截然不同，为什么？因为我们的反应、处理手法不同。我们的所做、所说，甚至所想，就如回力镖，会"飞"回来。

因此，我们要明白，不能改变发生的事情，不能控制既成事实，但其余九成可由我们控制。如果我们稍微注意我们的言行和对事情的反应，那么很多不必要的压力、困难会离我们而去，事情也能够更易解决。

后果由自己造成

这能改变我们的生活，至少能改变我们的处事方式。史蒂芬举出了一个日常生活中的例子，值得一读。

吃早餐时，女儿不小心将咖啡杯打翻，弄湿了父亲的衣服。此事已发生，父亲不能改变。但之后的发展却是由父亲的反应来决定的。

想象你是那位父亲。你极愤怒，因为今天你穿得很体面，要见一个重要的客户，虽然你来得及换衣服，但没有一套比现在穿的这套更适合。于是你暴跳如雷，大声责骂，女儿委屈痛哭。之后，你转身向太太发脾气，责怪她为何将咖啡杯放在桌边……夫妇俩的争吵由此开始！

之后，你赶紧换衣服，出来时看见女儿还在哭泣，没吃早餐，也赶不上乘校车，你只好送她上学。由于时间紧迫，你超速驾驶，被抄牌罚款。一路上，你们没有说话，下车时女儿也没有说再见。

你迟了 15 分钟到公司，因为早上的不愉快，你希望早些回家，但回家面对家人，又有些不好意思。

这一系列的不顺利，都是由你的反应所引发的。不是咖啡，也不是女儿、警察造成的，而是你自己造成的后果。

环境因我们改变

一个坏的开始只需 5 秒，如果以另一方式处理，结果又会如何呢？

　　假如你还是那位父亲，当女儿不小心把咖啡洒在你身上时，她因不知所措而哭泣。你温柔地向她说："不要紧，下次小心。"女儿的情绪很快会稳定下来，明白你并没有责怪她。你摸摸她的头，去换了另一套衣服。

　　你与太太开玩笑："水为财，今天的生意一定能做成！"

　　出来时，女儿刚好吃完早餐，与你亲吻说再见。你也从容地回到公司，与同事说早安，以愉快的心情迎接新的一天。

　　你没有因女儿打翻咖啡杯而责怪她，而是以温和的方式化解，相信她在心里会感谢你，将来也会以同样宽容的态度对待别人。

我们不能改变环境，但环境可以因为我们而改变。

培养孩子关爱他人

我在马鞍山公共图书馆演讲，问答环节有一对夫妇说，他们12岁的孩子一点也不关心他人，让他捐钱帮助人，不要说10元，连1元也不愿意捐，不知该怎么办。

我每次做关于亲子理财的讲座，问答环节的问题十有八九是与金钱有关的问题，近两成是关于子女不愿帮助人的问题。

那对父母说，平日自己也会做一些帮助人的事，不明白自己的儿子为何会这样，担心他长大后会变得冷漠，只顾自己，给妹妹做坏榜样。

要从小培养

我对他们说，父母希望孩子有关爱之心，能看到问题所在，已很好了。

关爱之心，要从孩子小时候培养。

首先，不要责怪孩子，要找出原因。如果孩子认为捐了钱，会

166

令自己的零用钱减少而影响消费，那么他可能会犹豫。如果是这样的话，父母可以教他将零用钱的用途分成几种，分出固定的一小部分用于帮助人。如果父母经济能力许可且知道孩子会遵守承诺，可酌情加一点零用钱，但事先要强调这样做是为了进行捐献。

如果捐得比较多，例如超过 100 元，最好用压岁钱或积蓄，这样不会令孩子感到钱少了很多而降低捐献意愿。

天生小气的人不多

办法很多，而最有效的是父母做好榜样，让孩子一起参与。

我认为"天生小气"的孩子只占不到一成，是否愿意捐赠，主要与父母平日做的有关。若在街上看见推着装满废纸推车的老人，乘公共交通工具时遇见老人或伤残人士，父母有没有教孩子关心他们、给他们让座呢？

父母要经常提醒孩子，因为关爱之心是要从孩子小时候培养的，父母不能说："我讲过一次，在前年！"

我最近应侄儿的邀请，参与了协康会的卖旗活动，我很久没有参与这个活动了。3 个多小时的卖旗活动，使我腰酸背痛，但我也看到一些现象。

我专门在海洋公园旁边的公交站募捐。原来只要解释协康会是帮助在学习和发展上有困难的儿童和年轻人，为他们提供训练和治疗，就有过半数的人愿意捐助。有时内地朋友会问问题，如"不是红十字会才做这类社会服务吗？"我会解释说："香港与内地不同，非政府组织也可以做类似服务，这也算是一种信息的交流。"

　　我见到少部分带着孩子的父母，见到卖旗便绕路走，或假装没看到。不买旗的原因有很多，可能是心情不佳、正在赶路、没有零钱，也可能因类似活动太频繁而生厌，不清楚或不认同机构的运作理念……我们不应说不买旗就没有善心，毕竟拒绝买旗是个人选择，但是在拒绝前可否先问问机构是做什么呢？

　　如果不认同机构或它的理念，拒绝是没有问题的，因为还有其他选择。但如果是和小朋友一起，不问理由而果断拒绝，也不解释，这样是给孩子做了很坏的榜样！

一起做善事

　　家长可以定期和孩子一起做善事，例如每逢星期六，让孩子拿出部分零用钱，即使只是一两元，也可以买一面小旗子。同时，家长也要买一面，以身作则。

　　买旗子的时候，家长可以和孩子一起了解相关慈善团体及其工作，让孩子知道，买旗子的钱，将用来帮助哪些人。

亲子时间

我的开心事

◆ 乘出租车上班，马上要到目的地，看见一对老年夫妇在路边等出租车，我马上叫出租车司机停车，让二老上车。我希望将来，我和太太也能像他们一样，手牵手上路，有人让车。

◆ 上周末，我们一家陪从台湾来的退休校长申神父，与他度过了美好的时光。我们陪他去了南莲园池等地方，吃地道的潮州小菜，点了神父最爱吃的干炒牛河。85 岁的他对每个人和每件事都充满感恩和好奇，甚至遇到不熟悉的街道名字，也要问问，祝福老人家。

◆ 公司的写字楼虽然属于甲级，但邻近住宅区，所以我常见到有趣的现象：有老人家在大堂休息，有小孩子在嬉戏；甚至有人在做伸展运动。这让人感觉闹中有静，为我们忙碌的上班族带来了一些生气、快乐和平静。

◆ 公司同事点外卖，送东西来的是一位中年女士，她开朗健谈，脸上挂着笑容，敬业乐业。我们有时因为工作忙，压力大，绷着脸，面无表情，所以要向那位送外卖的"天使"学习，很高兴见到她，她送来的不只是食物，还是一种开心的感觉，感谢她。

◆ 下班时，我接到黄色暴雨预警的信息，很多人狼狈地撑着雨伞，衣服都湿了。本来我也焦急，忽然发现街上一对男女在拥吻，陶醉在二人世界中，完全没有受到坏天气的影响。顿时，我心情变轻松了，不再想裤子和鞋湿了的事，反正早晚能会回家更换。我告诉自己：放松一下啦！

◆ 我喜欢去金钟的一位擦鞋师傅那里擦鞋，他近80岁，擦得非常认真，一双鞋起码擦十几甚至20分钟。他的销售辞非常好，值得我们学习。例如他会说，这块布太新了，应找一块稍旧的来上鞋油。我问他两者有什么不同，他答："稍旧的布更加耐用。"每次听他讲数十年的擦鞋心得都很开心，我不只能学到擦鞋知识，还能听他谈人生道理。

◆ 儿子很喜欢乘港铁。有一天，他提早放学，想乘港铁转转。我们搭乘香港线、东铁线和马鞍山线。马鞍山线有9个站，沿途有很好的风景，可以看到山，其中的乌溪沙站对着美丽的海景。这是一个很好的港铁短途旅行，很享受。

◆ 有一次和大儿子乘出租车，司机的态度比较差。下车后，儿子说司机不对，虽然我有同感，但我问他为何当时不说，他平静地答："虽然司机自己有问题，但也没有什么大不了的。"我听了真的很惭愧，因为当时我有些生气，本有冲动想与司机理论，看见儿子处事比我成熟，真的要好好检讨自己，向他学习。爸爸欣赏你，赞！

◆ 早上出门，阳光充足，感谢上天赐给我们一个美好的开始，自己能拥有健康及工作，感恩。

◆ 做了一个投资讲座，我问听众有什么好的方法可以医治唇疮。讲座结束后，有超过5位投资者留了字条或口述了方法，让我感到非常温暖及开心。

◆ 参加一位朋友的婚宴，当新娘子说"感谢丈夫的包容，接受我的缺点"，新郎不停笑着点头，说会照顾并保护她一生一世。虽然有点儿老套，但能看出他们的真心真意，新郎是消防员，的确有能力做到，哈哈。祝福一对新人永结同心，白头到老。

◆ 一家人去听了一场小型新年钢琴演奏会，有流行歌曲，如《追》《唯独你是不可取替》，也有古典音乐，如《土耳其进行曲》《给爱丽丝》，还有表演者的原创曲目。整场演出给人轻松之感，特别是可以近距离观赏，别有一番味道。

◆ 约了一名编辑朋友吃饭，还未坐下，她便送了一件旅行带回来的小礼物。我感到开心，因为是朋友从远方带回来的东西，不论贵贱，合用与否，已代表一番美意，何况这次的礼物还合用，感谢！

◆ 接儿子放学，在元朗的大荣华吃饭。本来打算独自吃饭，但由于早到，服务员有空闲，便介绍了著名的五味鸡、生鱼两味和不能不试的马拉糕。当晚开心的是，除了美味（虽然我只点了一味），还有服务员的友善，我问他们为何笑容这么灿烂，他们说一日要工作 10 多个小时，当然要开心地做，时间才过得快！多谢他们给我们一个愉快的晚上。

◆ 和同事去香港公园吃午饭，离开时看见几个不到 10 岁的小孩在玩耍。明媚的日子、孩子快乐的笑声，真的令人舒畅，下午工作更有精力了。

◆ 在一家餐厅吃素食，最后叫了一碗冰镇莲子，很简单的一种甜品，莲子清甜香爽，糖水刚好可以入口，不会令人牙关打战，恰到好处。喝一碗如此的冰镇莲子，真是人生一大乐事！

◆ 到宁波出差，在一家饭店要了一个汤和一份杂菌豆腐煲。豆腐真的非常好吃，豆味浓香，虽外形粗糙，却吃出从前那种朴素而原始的味道，真的非常感恩。

◆ 一个星期六，我和孩子在等车，看见一个菲佣推着一位行动不便的老人在等出租车。她等了10多分钟，最后终于有一辆车停下。司机愿意多花数分钟，等老人上车，也帮忙拿轮椅，他的敬业，真是值得赞赏。

◆ 某天早上踏上出租车，与司机友善地交谈。他让我猜他年龄多大。我猜70岁，但其实他已75岁！说起来，他和我竟是老街坊。他还与我分享养生之道。他没有"三高"（高血脂、高血压和高血糖），原因是多吃蔬菜和爬山。开心，是一天最好的开始。

◆ 去大埔的一家证券公司做讲座，一踏进门，有两位投资者说："等了你很多年了，你看上去比10年前还年轻！"我开心得很，原来被人称赞年轻，不只是女士才喜欢的！

◆ 去一家茶室品茶，一位茶导师教导如何泡凤凰单枞，诀窍是85度水温，泡约40秒。茶的口感与我平日喝的很不同，甘、香、醇，非常开心有一个新的体验及学习机会。

◆ 在港铁让座给一位老婆婆，与她聊天。她已经 80 岁了，还在跑马地的大厦做清洁工作，每天做 10 个半小时，虽然觉得累，但身体还算好。下车前，我祝愿她身体健康。

◆ 早上上班时碰到 80 多岁的邻居何伯，与他走了一段路，迟了数分钟上班，但很开心。

◆ 早上想起要吃咖喱，打电话回家叫工人姐姐准备。下班后，我买了一个长条法包当主食。今天干劲十足，期待晚上最爱的咖喱鸡法包餐！

◆ 经过一家唱片公司，里面正播林忆莲演唱会版《至少还有你》的视频，歌手与观众拥抱，感觉很温暖，加上歌词感人，令我在酷热天气下精神为之一振。

◆ 一位好友送了门票，我们去看了由志莲净苑主办、浙江昆剧团表演的《未生怨》。故事很感人，加上在莲园内的天王殿前露天表演，庄严的建筑，配上精湛的演出，让我们有一个愉快及充实的晚上，感恩。

◆ 在星街一间日本餐厅点了一份午餐，内有 3 片三文鱼鱼腩，入口即化，非常美味，我怀着满足的心情回公司工作。

◆ 回港后一直想与一名中学老师联系，等了 20 多年，终于经母校师兄帮忙，通过邮件与老师联系上了。真的非常高兴和感恩，那位老师曾很用心教我们。

◆ 大儿子参加了一个学习营，相信他在一个月里会获益不少。我跟他说，我们要感恩，不只因为有机会去学习和见识，还要感恩能平安回来。大儿子说明白，这是我最开心的事。

◆ 在家吃了半个番石榴，甘甜可口，齿颊留香，简直人间美味，多谢艾尔（Ale）留下一些给我们品尝。

◆ 我去看了怀旧风的舞台剧，其中夏诏声唱的《童年时》、《交叉点》和《空凳》，歌词感人，令人沉醉，歌手的表演令人赞叹。

◆ 在枫林小馆，点了正宗的盐焗鸡和煎酿豆腐，尝到传统粤菜的味道，我们和哥哥、姐姐闲话家常，度过了一个温馨的晚上。

05

生活的感悟

多制造机会，让孩子做一些公益事务，不计较回报，他们日后得到的，肯定比眼前的多得多。

其实，不论是到养老院探访老人、去内地乡村学校，还是步行筹款，只要是有意义的，可以帮助人，都可以去做。

例如在长假中，连续数周去养老院当全天义工，让他们了解养老院的运作，知道老人的生活作息、运动时间表、娱乐安排等。孩子开始时可能不适应，或有点抗拒，但会慢慢适应。

不斤斤计较

我的两个儿子先后在暑假及新年期间，去养老院当义工。养老院根据具体情况分配工作：大儿子年纪较大，跟随修女去买食物、寄包裹、扫树叶等，小儿子则会帮忙刷油漆、拿碗碟、端饭菜给老人，扶老人走路、运动等。

两个儿子起初觉得沉闷，院内有味道，但不久便习惯了。他们照顾老人，了解老人的想法，接受并且爱他们的缺点和优点，慢慢建立了同理心。

重要的一点是，让孩子明白参与是为了帮有需要的人。

告诉孩子，帮人是应该的，能帮多少帮多少，千万不要说帮人是让他们知道自己多幸福，或为了在找学校时，履历看起来更丰富等。

倘若我们做什么事，都是先为自己的利益打算，试问孩子长大后，又怎会不斤斤计较、极尽算计，没有好处就不做呢？这样，他们只会顾自己！

和老人的约会

今年春节期间，我们一行 15 人去养老院探访。我们各司其职，有人陪着老人看舞狮、听唱歌，有人陪他们说话，有人让老人轻轻握着双手，只是这样他们便很满足。

有人戴上"大头佛"面具，穿上彩衣，拿着扇，投入地舞动起来。有人舞狮，全力表演，以求能让老人看得开心。

有人唱歌。原来粤曲不是老人最喜爱的，反而是 70 年代、80 年代的歌，如许冠杰、罗文、徐小凤、郑少秋、林子祥等人的作品，最能引起他们共鸣。当听到《男儿当自强》《狮子山下》，以及歌曲如《财神到》等，老人家一副全神贯注的表情，有的还跟着唱起来。

投入和关心即可

我们去养老院探访，未开始时，以为很难做，担心准备不够，也担心老人会觉得闷，但去了后发现，只要投入和关心老人即可。他们很开心，每位参与者也有一个快乐和难忘的下午。

很感谢有一群志趣相投和乐意参与服务的朋友（最后一位导员在今年也要毕业了），这次侄儿也参加了，感恩。

感想分享

这次是我第4次来到养老院，也是我第2次在农历春节期间探访他们。记得去农历春节期间探访，我们当中没有人擅长打鼓，当时一位伯伯主动为我们打鼓，十分厉害。今年我们和负责人商量想找到这位伯伯，他说伯伯身体没那么好了，不知能否帮忙。

我问那位伯伯是否已回家，负责人说他没有亲人，我听到后心中有酸溜溜的感觉，原来春节这开心的日子，也有些老人要孤独地度过，幸好今年伯伯仍可以为我们打鼓助兴。我希望他每年都可以和我们一起表演，衷心祝福伯伯和其他老人身体健康，龙马精神！

唐纳德（Donald）

这次是我第1次到养老院探访。养老院的面积很大，环境清幽，我想住在里面的老人家，应该十分开心。可是当我和他们交谈后，才知道无论居住环境有多好，老人家最需要的还是关心。

探访过程中，虽然我们只是舞蹈、唱歌，但他们已经十分开心。看到他们脸上的笑容，我也感到十分满足。香港其实还有很多老人家需要我们去关心，希望未来有更多人给予他们温暖！

威廉（William）

这是我第 2 次来养老院，向老友拜年。圣玛利养老院规模很大，有 60~100 个老人，他们大部分都比较内向，有些失聪，有些行动不便，但从他们眼中看得出，他们非常期待我们的拜访和表演的节目。我们为他们舞狮，表演唱歌，发红包，教甩手功。

还记得在教甩手功时，有位婆婆跟我说她的手骨曾经断裂，手不太灵活，觉得自己不能做甩手功。但我鼓励婆婆，说甩手功是简单的手部舒展运动，她是可以慢慢做到的，最后婆婆把动作做得非常好，而且感到手部舒服了很多，我顿时十分开心。我希望每年都可以向他们拜年，并将这份爱传递给其他有需要的人。

梅科（Meko）

当探访结束，有数位头发花白、行动不便的老人家，特意走到我们面前。对我们而言，我们年轻力壮，为他们带来小礼物、小表演，是举手之劳；对老人家而言，这却是一个难忘而快乐的下午。

所以，各位，当你有余力，何不为这群老人家带来一点欢乐呢？更重要的是，给予比接受更有益。通过帮助和关心老人家，我会更珍惜光阴。年轻人呀，如果你对老人家没有耐心，嫌弃家中老人，请记住，以后我们也会老，多付出点爱心吧！

休格（Sugar）

李锦先生带我们到养老院探望一群老人家。没有事先准备的简单表演已经能逗得他们开心拍掌，就如小孩般。我们扮个鬼脸，他们都能笑半天。若在年轻人面前表演，想必喝倒彩声不绝。

特伦斯（Terenz）

探访期间，我跟不少老人家交谈，发觉他们最需要的只是一份关怀，简单的一句问候足以令他们感到安慰。有一位老人家看见我站在她的身旁，便立即握住我的手，什么也没说，只是一直牢牢地握着。一句暖心的话，甚至只是待在他们身旁，这些简单的小事，就足以令他们感到被关怀。

贝弗莉（Beverly）

今年是我第 2 次参加养老院的探访活动。当我们在唱怀旧歌曲时，很多老人家也轻声跟着唱，有的跟着打拍子，像鼓励我们这群年轻人！到教甩手功时，差不多全场的公公婆婆都站了起来，专心地学习每一个动作。我明白，老人家其实真的很简单，他们不在乎歌声是否动听，动作是否准确，只要有人真心地关心他们，他们就觉得非常高兴，可以乐上半天。

维克（Vickle）

十分感谢李锦先生发起探访养老院的活动，也很感恩各位有心人支持、参与这项既快乐又有意义的活动。在做简易手部运动时，老人家都很投入，坐在轮椅上的婆婆努力做动作，虽然她不能把手抬高，但仍尽力尝试，真佩服老人家的毅力。老人家身体机能日渐衰退，行动和反应都变得缓慢。虽然如此，但智慧、经验没有减少，不然他们怎么从以前艰难的时期支撑到今天？我们应给予父母长辈更多耐心、更多爱心。给予比接受更有福。

维基（Vicky）

我舞头狮，在老人家之中穿梭。我通过那狮头仅有的"窗户"看到大部分老人家都坐着一动不动，只有小部分伸手摸了一下狮头。

舞狮之后，苏先生——养老院的负责人建议我们唱歌，我立刻唱了一些老人家熟悉而我也比较拿手的歌，例如郑少秋的《倚天屠龙记》、罗文的《狮子山下》和许冠杰的《双星情歌》。坐在前边的老人家，有的微笑，有的拍手，还有的跟着唱。在唱歌环节，我是最有成就感的，我最想做的就是逗乐这些常发呆的老人家，让他们动动脑筋。后来我看见老人家有点闷，我也唱得有点累，便提出让弟弟弹钢琴、让爸爸教太极。

老人家的掌声是非常难得的。在掌声中，弟弟从钢琴前走到老人家的旁边，教他们做"平甩"——一种站着做，只要把手摇来摇去的健身操。我穿梭在老人家身旁，叫他们放松，不要用力把手"甩"下来，把手放下时头不要动，手抬到和胳膊"平行"就行，不要抬太高……

苏先生告诉我们，其实老人家很喜欢我们的演出，否则他们不可能坐在这里一个小时。

杰克（Jack）

　　都市人常常因工作忙碌或懒惰而忽略了身边需要帮助的人，其实只要愿意踏出第一步，出一点绵力，你会发觉你的价值不只是工作换到的薪水，还有你给予他人的无价温暖和快乐，同时你会更珍惜现在所拥有的。

　　年老，好像是一件离我们很遥远的事。我没有想过老了会变成什么样，参与这次义工活动，与公公婆婆一起庆祝新年，发觉现在年轻人所追求的"快乐"，与公公婆婆听我们唱歌、弹琴感到的快乐大不相同，其实快乐真的可以很简单。

思琳（Celine）

柬埔寨慈善自行车行

我对柬埔寨人的感觉，正如在离开柬埔寨前往机场途中，司机问我问题时我的回答：pleasant, honest and friendly（开朗、诚实及友善）。

公司组织的慈善自行车之旅结束，我怀着非常愉快及满足的心情离开了柬埔寨暹粒市。

富有宗教特色的景点

慈善自行车赛期间，每日大约骑 50 千米，有 1/3 是乡村的小路，途经吴哥古迹景区，风景美丽，特别是吴哥窟。柬埔寨信奉佛教和印度教，例如吴哥窟是印度教的建筑，吴哥城（巴戎寺）是佛教的建筑。也有些寺庙原来供奉佛像，因为统治的皇帝信奉印度教，所以将原先刻好的佛像铲除，现在只能看到没有面孔的佛像，实在可惜。

吴哥窟寺庙的历史可追溯到 10 世纪，12 至 15 世纪发展到全盛。

1992 年，联合国将该古迹列为世界文化遗产。

乐观及友善的人民

这次柬埔寨之行，是公司组织的慈善活动，在亚洲第二次举行，旨在帮助世界性组织、国际关怀组织及香港的安徒生会募款。两日的自行车赛，有接近 100 位来自不同地方的同事参加。我这次去柬埔寨，真的有意想不到的收获。以下是一些分享。

良好的驾驶态度

当地人的驾驶态度相当好，无谓的按喇叭比香港及我去过的其他地方都少很多。我们在公路上骑自行车，不论是电动车、私家车，还是大型车的司机，都在后面耐心地慢慢开，不会催促，也不会按喇叭，直至有足够空间，他们才超过我们。

我曾从北京鸟巢骑自行车去长城，与这次感觉很不同。这次我感到非常安全、舒畅，不论是在公路还是在乡间小路，都可以真正享受骑自行车的乐趣，不会一步一惊心。

乐观及友善的人民

柬埔寨曾经是法国的殖民地，法国政府曾在 1863 年—1953 年统治这里。1975 年开始，柬埔寨人经历了三年零八个月的红色高棉时代，由于人祸导致饥荒，300 多万人死亡。之后，柬埔寨又经过其他独裁者的管治，直至近 20 年才算安定下来，即使大部分人仍很贫穷，但我们所碰到的人都是友善及面带笑容的。小孩子更是如此，成年人也会向你点头微笑挥手。我相信他们不是好奇，是天性使然。

一生收到最多的问候

在柬埔寨两日的自行车之旅中，我穿梭于乡间的小路上，经过农田，遥望村民下田、饲养家禽。每个家庭起码有 3 个孩子，我还见到一户人家有 7 个孩子。

每次经过，只要与孩子打招呼，他们都会快乐地回应："Hello, bye bye." 即使只是一句问候语，但看到他们纯真的眼神、天使般的笑容，真的很好。我停下很多次，宁愿之后要加速赶上大队伍，也要与他们问好、拍照。这种感觉给予我很大的力量，令我内心充满温暖，并且对世界有更美好的憧憬。

这群小孩活泼可爱，充满热情及信任，加上教育的普及，相信他们将来会生活得更好。

柬埔寨是一个人均年龄较低的国家，约 40% 的人口小于 15 岁，所以前途无限，绝不比邻近国家逊色。当然，要进行国家制度改革，惩治贪污腐败，提高乡村教育水平。

诚实及不贪心的人民

不论是购物，还是搭乘公共交通工具（最普遍的是 tuk tuk，像泰国的电动三轮车），只要讲好价钱，不用担心对方会欺骗你。做服务行业的也不会要小费。我们一群同事去做脚底按摩，每人给了一美元小费，按摩师已感到很满足，还双手合十说多谢。

其间有人丢了钱包，还有人丢了手机，最后都找到了。不论是我们运气好，还是个别事件，都让我感到柬埔寨人很有素质。

柬埔寨年轻一代有梦想

我们自行车行的导游是一名大学四年级的法律系小伙子，他说希望当律师，改变国家，令国家制度更公平，惩治贪污。他不希望赚很多钱，只希望可以成为一个对国家、人民有贡献的人。

听了这番话，我很感动，与小伙子交换了邮箱地址及电话号码。我在离开前，已与他联系过，希望在进一步了解后，看能帮他什么。毕竟一个百废待兴的国家，需要多些人甚至更多国家的帮忙。

我们经过旅游区，遇到的是生活条件比较好的人，只要两三个小时的车程就能到乡村，那里很多人依然重男轻女。当地人当子女是自己的财产，不容许他们离开家庭独立生活，要他们帮忙做家务或下田劳作等。

我与一名替我按摩的女孩子聊天，她说每月有 14 美元底薪，不论多少客人，钱不会再多，只能靠小费，但她说除了一些年纪较大的游客，其他人是不给小费的。她每月要寄 15 美元给乡下的母亲，每月花 10 美元学英文，希望将来能在酒店工作。

听到这番话，我非常感动，有孝心且上进的年轻人，的确令人欣赏。我也与她交换了联系方式。

美丽的地方，祝福你

我们对柬埔寨的印象是，街道整洁，两旁种满树木，公园处处有。最令人惊喜的是，公厕也很干净，没有异味，反映出当地人遵守规章、爱护公物且考虑别人的感受。

短短的几天，我见到的可能是个别情况，但从当地人的待客态度、工作效率、友善点头等方面，不难发现这个主要信奉佛教的国家，人民宽容、友善、诚实。

正如负责为公司筹办活动的单位工作人员说的，不要听别人说柬埔寨有地雷，要打疫苗，走在街上不安全，事实上，柬埔寨非但没有想象中那么可怕，它还有很多美丽的地方，值得我们去欣赏。

柬埔寨，祝福你，更祝福当地的人民！

北大、清华之我见

早前，我去北京大学及清华大学，为学生做衍生产品及风险管理的讲座。

北大参与者达 150 人，清华也有 120 人，接近两小时的讲座及之后的小组交流，给我留下了良好的印象。

高素质的学生

首先，两所大学的学生都很有礼貌，讲座流程安排合理，还帮我拿东西、列队欢送、连说感谢。这感觉与我 10 多年前在内地山区建学校时一样。试问，谁不喜欢被人尊重？我相信同学们是出于礼貌和感谢，也体现出顶尖的教育及个人素质非常高。这也可以从他们的讨论看出来，大一、大二的学生会专心聆听高年级学生的发言。

值得一提的是，同学们的学习态度非常认真，讲座过程中，绝大部分同学都认真听，有的还用电脑记下内容。提问环节，我也感到他们是做过功课才提问的。另外，部分同学在课前还了解了讲解者的资料，真的非常值得肯定。

讲座结束后，两所大学的同学还带我游览校园，让我多一些了解。

绝不"一塌糊涂"

在北大学生的陪同下，我漫步在荷花盛开的池塘边，看到曾接待过很多领导、嘉宾的百年大楼、亚洲最大的图书馆（李嘉诚先生捐建部分），还见识了北大的"一塌糊涂"，哈哈，应该是"一塔湖图"，其实是一座13层的塔（博雅塔）、一个湖（未名湖）及一个图书馆！

由于清华校园面积比较大，所以我借了自行车，与学生们骑自行车畅游二校门、清华路等。清华校园整齐别致，一排红砖大楼有点儿像我的母校墨尔本大学，很有欧洲大学的味道。听学生们说，红砖代表清华根正苗红和专业。在一小时的游览中，我也感受到清华校园的运动氛围相当好。

接触过后，我对这两所大学的学生整体印象非常好，感谢举办此次活动的单位负责人及带我游校园的学生。

合法赚钱，回馈社会

我也寄语在场学生，作为中国顶尖大学的学生，将来是社会的栋梁，不论在什么部门担任要职，都要承担相应的责任。

我与学生们分享了两点。

1. 要在合法的情况下赚钱。寄语他们在打拼事业的过程中要有耐心，不要铤而走险，做人与投资都要学会等待。

2. 适当时要回馈社会，帮助弱势群体。择善而从，不要认为是小事就不去做，也不要等到很有钱，如有钱捐一栋教学大楼时才去帮人。这样才不负作为顶级学府的学生。

事实上，不论任何学校毕业的学生都应该这样。我与同学们说要有社会责任感，偶尔会很严肃，敬请见谅，互勉。

两所大学的学生在交流过程中，并不是一直围绕工作的话题，可能是因为他们在顶级学府深造，毕业后找工作的压力不大。相反，他们谈论更多的是国际时事、宏观经济、文化、政治等问题，只有一位学生对工作问题很感兴趣，而他是香港来的硕士生，哈哈！

我的开心事

◆ 大儿子答应当义工，我与他去了一家养老院。他表示什么事都愿帮忙。当工作人员问到可否给老人家喂饭时，他脱口而出："没有问题。"我听到后很高兴。老实说，自己也会犹豫，希望大儿子做得开心。另外，养老院希望我们在大年初一帮忙打鼓和舞狮，但我们不会。工作人员说没关系，只要有过年气氛就好。我们答应了，现在正在了解舞狮基本的技巧，真是既开心又兴奋。

◆ 我与太太搭乘港铁，看见一个人带着一只导盲犬。在好奇心的驱使下，我们跟在他后面。原来那个人是一位导盲犬训练员，他说那只狗叫 Google，是拉布拉多犬。它看起来很温顺，不太作声。训练员说导盲犬一岁时就可以接受训练了。他提醒我们，当遇见导盲犬时，有 3 件事情要留意：一是不可喂食，二是不可抚摸，三是不要以声音吸引它们的注意力。

　　我故意走近导盲犬，它躺在我身边，在那 10 分钟里，我感觉既开心又兴奋。训练员说，顺利的话，Google 半年内会开始为盲人服务，希望导盲犬服务能够在香港发展顺利。

◆ 我常去的理发店，因为房租大幅上涨，搬走了。第一次去新店理发，地方变小了，但见到老板和员工正努力工作，我笑说："你们真是好搭档！"大家笑起来。他和他的伙计一起工作了10年，合作良好，真替他们高兴。

◆ 一块凤梨酥换取一块奖牌！我在台湾买了大儿子最爱吃的凤梨酥，刚巧第二天他要参加学校的陆运会。大儿子现在对体育比赛非常在意，希望他能挑战自己。

　　在1 500米赛跑中，大儿子得了第5名的成绩。他说本来可以追上前面的同学，但由于他错误估计比赛时间，在赛前10多分钟吃了一块凤梨酥，结果用气时顶到喉咙，不能发挥全力。我听了之后觉得很好笑，他为了一块凤梨酥，失去进入前4名的机会！开心的是，听到他说只想跑得好一些，仅此而已，哈哈！

◆ 吃过晚饭，一家人去太古城吃雪糕，刚巧见到河南杂技团在为春节表演彩排。他们重复高难度的动作，偶有失误或轻微受伤，仍不停练习。即使是彩排，动作也很优美，我看得很开心。希望她们除了能赢得掌声，也有合理的金钱回报。

◆ 大年初三，与学员、亲人及朋友等一行 10 多人去养老院舞狮。第一次舞狮，每个人都有自己的岗位，看见老人家开心，我们也觉得很开心。

◆ 我们一家和大学生导员一行 10 多人，去养老院探访和表演。活动备有茶点，还有太极表演、唱歌等项目，老人家们也跟着要太极、唱歌，大家度过了一个开心的下午。最有趣的是，我们选了一些经典粤曲，想不到很多老人家并不太熟悉，反而时间近一点的如邓丽君、徐小凤和许冠杰的歌，更能引起他们的兴趣。难道我们这些年轻人跟时代脱节了？哈哈！

◆ 香港公布了人口普查的结果，由于男女比例失调，所以规定公共场所，包括商场等地的女洗手间数目会增加六成，以改善女士用洗手间的情况。不论是否做迟了，但总算是一件好事，希望将来女士不用再排队用洗手间。

◆ 一位导员，其实已算是朋友，香港毕业一年多，在会计事务所工作。他告诉我，他通过了 CFA（特许财务分析师）的卷二考试，那是三张试卷中最难考的一张。他跟我分享他的喜悦，我真的替他开心。我和一些导员，并非只是为了工作而结识，也不是达成目标后便结束关系。我很开心，我和不少导员亦师亦友。

◆ 去台湾探访前校长，他曾经帮了我很大的忙。我们一起做脚底按摩、泡温泉，用大半天时间购物，做了很多开心的事。他已85岁了，才庆祝晋铎①60周年。他老当益壮，头脑灵活，只需吃一种药控制血压，祝福他能继续为天主教服务。

◆ 晚饭后，我独自一个人外出散步，走了近一个小时，出了汗，微风吹来，顿时觉得身体轻了，肚子也变小了，感觉真的不错。

◆ 我去佐敦的麦文记，要了一碗全虾云吞面及南乳猪手，最后要了一瓶可乐。云吞面也叫"细蓉"，虾味鲜爽口，面质弹牙，汤底清甜，材料新鲜，简单美味，唤起我的回忆。

◆ 浴佛节当天，一位好朋友安排了3个节目，有千人斋宴、中台山惟觉大法师开示和瞻礼佛顶舍利子。我吃了一整天的素食，开心地度过了祥和的周日，感谢好朋友的安排。

◆ "飞哥跌落坑渠，飞女睇见流泪"大家可能听过这句歌。一个暴雨的星期天，我们去元朗学太极。不到一米宽的小路上积了水，没过脚踝。我脱了鞋，提起裤腿，小心翼翼地走，突然左脚踏空，半身跌入小坑里，水到左边大腿，我们不自觉地大笑起来，

---

① 晋铎：指天主教中的修士、修生、执事等晋升为神父。

因为实在太好笑了。我借了一条裤子学太极，幸好没有扭伤，感恩。

◆ 记得儿子小时候，学校教过一首让孩子如何表达情绪的歌，其中一段歌词是："我觉得阵阵开心，我觉得阵阵开心，这是我的情绪。"（最后两个字唱得高一点）其他情绪，例如快乐或生气，也可代入。我有时和儿子会哼唱几句，顿觉轻松一点。

◆ 在新加坡一家叫"冯满记"的老字号买豆蔻油和千里追风油。掌柜已经92岁，身体很健壮，唯计算时有些混乱，算少了价钱。旁边的第三代老板帮忙计算，没有任何不满或怨言，尽显他们的深厚情谊。我待了30多分钟，与掌柜闲谈，请教药的功效，度过了非常开心的时刻。

◆ 公司每年一度的慈善周活动，在短短7日内，安排了12项筹款活动，包括售卖自制蛋糕、按摩、试酒会、播放环保主题电影，还有保龄球比赛和捐旧衣物等。我参加了其中的5项，开心之余还能也帮到一些慈善团体，何乐而不为呢？

◆ 公司举办了一个爬夜山筹款活动，我和小儿子参加了。由公司出发，经宝云道转到湾仔峡道，穿过布力径抵达黄泥涌道，这段约70分钟的路程，只是热身。接着，我们大半数人走紫罗兰山路，以阳明山庄为目标。走了接近30分钟的陡坡，坡度接近70度，让人感到缺氧。加上同事"爬山不等人"，我差点脚抽筋。儿子比我爬得轻松，我们在山顶待了一会儿，一阵清风吹来，马上觉得辛苦也值得。两个半小时的运动，使腹部顿时结实起来，这种满足感难以形容，哪管它明天是否回复原状，哈哈！

◆ 我乘出租车返回公司，快到时，看见前面有一辆出租车拒载坐轮椅的婆婆。我问出租车司机能否载她，他回答说可以。我提前下车，婆婆能早一点上车，双赢，何乐而不为？赞！

◆ 我的导员（也是我的学弟）高考成绩下来了，他成功申请到理大的一个副学士的课程，这是他喜欢的科目，很替他开心。

◆ 6点后，我在西区隧道（九龙区入口）的天桥上，看到太阳像红红的咸蛋黄挂在天上，非常好看，顿觉舒畅，有不少专业人士在拍照呢！

◆ 我与一位同事说到家事，她说带70多岁的母亲去检查，看有没有患脑退化症。检查结果是没有问题，这将她母亲数月的担忧一扫而空。同事说老人家回家后，也变得精神很多，我听到这些真替她开心。

◆ 与儿子去观塘一家老人服务中心，了解其运作，并看看是否有我们参与义工服务的机会。听到社工陆姑娘介绍，她曾去独居老人的住所，里面堆满杂物，气味难闻，还引起了她的皮肤病。问她为何不戴口罩，她说会被老人抗拒，更别说帮上忙了。护士是天使，一线社工也是天使，付出爱心、富有耐心、不计个人得失，她们的服务精神，真令人敬佩！

◆ 在办公楼大堂，我经常会见到行色匆匆的上班族，也有公公婆婆、小孩在休息，还有中年人在做运动，一些老人沿着扶手慢行以松松手脚，真是一个有趣的场景！

◆ 身体检查后，我向心脏科高医生了解情况。他医术高明，博学多才，特别善于做冠状动脉手术，不乱收费，是一位仁医。我在诊所等候时，见到很多摆设，其中有李时珍的资料，我说李时珍活了 276 岁（1368 年—1644 年），是因为他医术精湛，能延年益寿吗？高医生笑说那是明朝的起止时间，不是李时珍的寿命。接着，他用了近半小时讲解了中医的历史发展。一个粗心的问题，换到宝贵的医学知识，真的开心。

◆ 我去一间素食店买午饭，顺道买了一些有助消暑的苹果雪梨水给同事，大家喝得很开心。

◆ 我们由大围骑自行车到大尾督，当日云密天阴。在大尾督一家环保餐厅吃午饭，那里菜品种类多。三文鱼和沙拉新鲜，羊扒香甜，甜品和饮品也非常美味，开心有这样健康及美味的一天。

◆ 感谢太太买了一张《情归何处》的光盘。这是舞台剧，表演者主要是亚洲电视艺人和香港学生辅助会的青少年。故事由真人真事改编，情节感人，也令人心酸。从监制、导演到演员都充满热情和爱心，免费拍摄、表演，为机构筹款，值得赞赏和支持。很久没有看这么有意义的舞台剧，让我们了解到，那些学生并不是犯了罪的青少年，而是因种种原因不得不进入辅助会。我们会多买一些光盘送给好友，以表支持。

◆ 邀请一位合同期快满的同事吃午饭，问她是否找到新工作，她说已在公司的另一个部门找到工作了，真替她高兴。

◆ 我们参加"奥比斯"的盲侠行筹款活动，有超过一万人参加，义工数以百计，虽然我们只走了10千米（一半路程），但也感受到参加者的热情和助人的快乐。

◆ 儿子学校的开放日，我去做义工。原以为在烈日下站一个小时会难受，结果站了快两个小时，但看见孩子们快乐又天真的样子，觉得很值得！